Traumberuf Sekretärin

Tanja Bögner

Traumberuf
Sekretärin

Was Sie heute wissen müssen,
um erfolgreich zu sein

berufsstrategie

 Eichborn

Die Autorin

Tanja Bögner, geboren 1970 in Hamm/Westfalen, ist Assistentin des Vorstands der größten deutschen Pensionskasse in Berlin. 2006 setzte sie sich in einem deutschlandweiten Wettbewerb gegen 1200 Konkurrentinnen durch und wurde von der Fachjury zu *Deutschlands bester Sekretärin* gewählt.

Ihr Diplom zur Fremdsprachlichen Direktionsassistentin legte sie an der »Academy for Management Assistants« Lippstadt ab. Sie spricht vier Fremdsprachen.

Vor ihrer heutigen Tätigkeit war sie langjährig als Fremdsprachensekretärin, Sekretärin der Geschäftsleitung, Communication Managerin und Assistentin des Vorstandsvorsitzenden bei verschiedenen nationalen und internationalen (Groß-)Unternehmen tätig.

Darüber hinaus hält sie Vorträge auf Assistenz-Fachtagungen und Sekretärinnen-Seminaren.

Kontakt:
www.tanjaboegner.de

© Eichborn AG, Frankfurt am Main, Februar 2008
Umschlaggestaltung: Christina Hucke
Umschlagfoto: © ⬧LEITZ
Fotografin: Petra Schneider
Gesamtproduktion: Fuldaer Verlagsanstalt, Fulda
ISBN 978-3-8218-5939-2

Eichborn Verlag, Kaiserstraße 66, D-60329 Frankfurt am Main
Mehr Informationen zu Büchern und Hörbüchern aus dem Eichborn Verlag finden Sie unter www.eichborn.de

Inhalt

Vorwort

Liebe Leserinnen, liebe Leser!

Sie sind Sekretärin/Assistentin* – oder möchten es einmal werden? Für Sie ist dieses Buch geschrieben!

Allein in Deutschland arbeiten Schätzungen zufolge etwa fünf Millionen Frauen in diesem Beruf und sogar einige Männer – Tendenz steigend. Grund genug, diesen Berufsstand zu würdigen. Von ihnen wird tagtäglich viel verlangt. Tippen allein tut's nicht mehr. Ebenso wenig wie Steno in Perfektion oder gar: nur hübsch sein. Im Gegenteil: Der Beruf Sekretärin/Assistentin stellt mittlerweile eine große Herausforderung dar!

Leider weiß kaum jemand, welche Multitalente sich dahinter verstecken und was diese den ganzen Tag bewegen.

Jede/r von ihnen hätte eine Auszeichnung verdient!

Dieses Buch verdeutlicht, wie sich der Sekretariatsberuf in den Jahren gewandelt hat. Es macht deutlich, welche Qualifikationen und Fähigkeiten unbedingt erforderlich sind, um in diesem Beruf erfolgreich zu sein.

Viele trauen sich immer noch nicht, selbstbewusst zu sagen, dass sie von Beruf »Sekretärin« sind, da sie befürchten, dem Negativimage der »Kaffee kochenden Tippse« und somit mitleidigen Blicken ausgesetzt zu sein. Also wird er gern umschrieben: von Team-Assistentin über Personal Assistant zur neudeutschen Office Managerin, ja sogar bis hin zur Senior Administrative Assistant – was immer auch dahinterstecken mag.

Bei vielen international agierenden Unternehmen werden diese »exotischen« Bezeichnungen durchaus schon vergeben. Wenn dem aber nicht so ist, warum nicht den Titel der »reinen« Sekretärin ehrenvoll vertreten?

---

* Die Berufsbezeichnung »Sekretärin« steht ebenfalls stellvertretend für Assistentin, Office Managerin, Executive Assistant, Team-Assistentin etc. sowie auch gleichwertig für die männlichen Kollegen. Ebenfalls steht der »Chef« stellvertretend für die »Chefin«.

Es ist ein Beruf, auf den Sie stolz sein können!

Vorbei mit den Vorurteilen und der falschen Bescheidenheit, denn Sie haben einen der herausforderndsten und abwechslungsreichsten Berufe der Welt! Ohne Sekretärin läuft nichts, sie hält das Büro am Laufen und manchmal sogar die Firma … Daher wird sie auch – allen Unkenrufen zum Trotz – nie aussterben.

Auch Sie können überdurchschnittlich erfolgreich sein – lesen Sie nach, wie Sie Ihre Chancen am besten wahrnehmen.

Ich wünsche Ihnen viel Freude beim Lesen!

Ihre
Tanja Bögner

Mein Weg zu »Deutschlands bester Sekretärin« – Wie alles begann

Im Sekretariat zu arbeiten – das war schon immer mein Traum! Daher entschied ich mich nach dem Abitur für ein Studium zur »Fremdsprachlichen Direktionsassistentin« an der *Academy for Management Assistants* Lippstadt. Neben den Fremdsprachen Englisch, Französisch und Spanisch gehörten auch Betriebs- und Volkswirtschaftslehre, Büromanagement, Sekretariatskunde und elektronische Datenverarbeitung zu den Studieninhalten.

Mich faszinierte schon immer der Umgang mit Menschen, am besten in unterschiedlichen Sprachen, sowie die hohe Kunst der perfekten Organisation. Dies alles finden Sie im Sekretariat: Dort halten Sie alle Fäden in der Hand, befinden sich am Puls der Zeit, treffen Vorentscheidungen für den Chef, lernen unterschiedliche Menschentypen kennen und können Ihrem Organisationstalent freien Lauf lassen – sofern Sie Freude daran haben. Dieser Beruf ist interessant, herausfordernd, in jeder Branche einsetzbar und abwechslungsreich. Denn: Kein Tag ist wie der andere! Das hat sich in 16 Berufsjahren für mich immer wieder bestätigt:

Nach dem Studium trat ich meine erste Stelle als Fremdsprachensekretärin in einem großen internationalen Pharma-Unternehmen in der Nähe meiner Heimatstadt an. Nach einem halben Jahr bekam ich die Chance, von dieser Position in das Sekretariat der Geschäftsführung und internationalen Verkaufsleitung zu wechseln – ein großer Sprung.

Nach sechs interessanten Jahren folgte dann die berufliche Veränderung nach Berlin. Als Assistentin des Vorstandsvorsitzenden einer Wirtschaftsförderung, die für Akquisitionen ausländischer Investoren in Berlin und in den neuen Bundesländern verantwortlich ist, war ich stark ins politische Umfeld eingebunden. Dieser Schritt, mein gewohntes Umfeld zu verlassen und den hohen Anforderungen dieser neuen Position gerecht zu werden, stellte eine große Herausforderung für mich dar.

Ich wagte also den Schritt auf unbekanntes Terrain. Am Ende habe ich es nicht bereut. Denn ich konnte viel für meinen Arbeitsbereich dazulernen und bekam so die Möglichkeit, mich persönlich und beruflich weiterzuentwickeln. Als mein Chef in den wohlverdienten Ruhestand ging, entschloss ich mich zu einer beruflichen Veränderung: Ich fand diese als Assistentin des Vice President der internationalen Rechtsabteilung eines führenden internationalen Schienenfahrzeugherstellers.

Aber auch hier war mein Berufsweg nach drei Jahren noch nicht zu Ende: Er führte mich zur größten Pensionskasse Deutschlands, wo ich heute als rechte Hand des kaufmännischen Vorstands tätig bin.

In diesen Berufsjahren habe ich die Chance bekommen, mit verschiedenen Chef- und Kollegentypen in unterschiedlichen Branchen zusammenzuarbeiten. Dafür war es notwendig, mich ständig neu zu orientieren, geistig und örtlich flexibel zu sein, mich mit der vorherrschenden Unternehmensphilosophie sowie den Produkten und Dienstleistungen des jeweiligen Unternehmens vertraut zu machen.

Dabei habe ich auch oft die Hilfe von netten Kolleginnen und Kollegen erfahren. So waren es beispielsweise ein paar »Nachhilfestunden« in Politik nach Feierabend, um mich für die damalige Position gut zu wappnen.

Fest steht: Der Sekretärinnenberuf bietet immer die Möglichkeit, in verschiedenen Bereichen tätig zu sein und sich stets weiterzuentwickeln.

Mitbringen muss man dafür das entsprechende Rüstzeug: Bereitschaft zum ständigen Lernen, Flexibilität und den Mut zu Veränderungen, getreu dem Motto:

»Wer immer das tut, was er schon kann, bleibt immer das, was er schon ist!«

Im April 2006 nahm ich an dem Wettbewerb »*Deutschlands beste Sekretärin*« teil, der von der Firma Leitz ausgeschrieben wurde. Nach Prüfungen in fünf verschiedenen Kategorien war sich die Jury einig: Ich wurde »*Deutschlands beste Sekretärin 2006*«.

Dadurch bekam ich die Möglichkeit Interviews in den Medien zu geben und auf verschiedenen Assistenz-Fachtagungen zu referieren. Die zahlreichen Gespräche mit Kolleginnen bestätigten mir immer wieder, wie wichtig die Position und wie umfassend die Verantwortung der Sekretärin/ Assistentin von heute ist und wie viel sich doch in den Jahren verändert hat. Dieser Wandel – von der klassischen Sekretärin bis hin zur Managerin im Vorzimmer – wird in diesem Buch verdeutlicht.

Aufgrund mangelnder Informationen wird dieser Beruf leider noch von vielen unterschätzt und es spuken immer noch typische Klischees in den Köpfen einiger Menschen herum.

Und ... mit welchen Vorurteilen müssen Sie sich als Sekretärin heute noch auseinandersetzen?

Sekretariat heute:
Kaffee kochen und Akten kopieren?

Die berühmteste Sekretärin der Welt? Sicher sind wir uns einig: Miss Moneypenny. Wer kennt sie nicht, die ewig fleißige graue Maus aus dem Vorzimmer von »M«, dem Chef des britischen Geheimdienstes? Mit ihrem scheinbaren Verzicht auf ein eigenes Leben und dem Schmachten nach James Bond hat sie uns jahrzehntelang das Bild der Sekretärin vermittelt, die ihren Job zum Lebensinhalt gemacht hat, weil sie einen anderen scheinbar nicht hat. Entsprungen aus der Schöpfung eines Literaten und vieler Regisseure, hat sie das Klischee der aufopferungsvollen Sekretärin geprägt wie keine andere. Und obwohl Miss Moneypenny nun schon seit Jahrzehnten im Dienste ihrer Majestät steht, hat sich doch an der Darstellung dieser Rolle nur wenig verändert.

Genauso wenig verändert hat sich auch eine von der Lebenswirklichkeit weit entfernte Vorstellung von der Sekretärin: der »Drache« im Vorzimmer. Was gibt es nicht für Geschichten von vorzugsweise kräftigen Damen, die mit Perlen am Ohr, Haaren auf den Zähnen und altrosa Nagellack jeden schrill anfauchen, der sich dem Büro ihres Chefs nähert. Sicher haben Sie davon auch schon gehört!?

Na bitte!

Und dann haben wir ja noch die ewig dumme »Tippse«, die immer nur augenlidklappernd ihre langen roten Nägel lackiert, Kaugummi kaut und eigentlich gar keinen Durchblick hat, was um sie herum läuft. Ihr Mantel liegt typischerweise bei einer Telefonkonferenz nach dem Verbinden auf dem Hörer, damit die Konferenzteilnehmer auch nicht von Nebengeräuschen gestört werden – und eigentlich wurde sie nur eingestellt, weil sie so verdammt sexy aussieht. Auch hierzu fällt Ihnen bestimmt ein Beispiel ein!?

Mal ehrlich – so ein bisschen was Wahres ist doch dran?! Herzlich willkommen bei den hartnäckigsten Klischees, die in unserer Zeit das Berufsbild der Sekretärin begleiten. Wohl bei keinem anderen Beruf halten sich so falsche Vorstellungen, die mit der Realität nicht das Geringste zu tun haben.

Tatsache ist, dass sich das Berufsbild der Sekretärin, insbesondere in den letzten Jahren, entscheidend verändert hat. Die Sekretärin ist zur Allroundkraft geworden und wird häufig als »Sparringspartner« des Chefs bezeichnet. Mittlerweile ist sie von der klassischen Befehlsempfängerin meilenwert entfernt.

Die Älteren unter Ihnen werden sich vielleicht noch mit Schaudern – aber vielleicht auch mit einer gewissen Wehmut – an die Zeiten erinnern, als der gut gespitzte Stenostift, die mechanische Schreibmaschine und jede Menge Durchschlagpapier zur Arbeitsausstattung jeder Sekretärin gehörten.

Da rief der Chef zum Diktat, die Sekretärin flitzte und er gab zu Protokoll, was sie später in hämmerndem Stakkato in die Schreibmaschine hackte – nicht zu vergessen die häufig daraus resultierenden Sehnenscheidenentzündungen. Jeder Brief wurde mit Durchschlagpapier geschrieben, denn – erinnern wir uns – Kopierer auf jedem Flur, wie heute, gab es damals nicht. Und wehe, es war ein Fehler im Text. Dann musste der ganze Brief eben noch einmal geschrieben werden.

Später, in den Achtzigerjahren, gab es dann wenigstens schon das Korrekturpapier. Ein kleines weißes Blättchen, das mit höchster Präzision an genau der Stelle angesetzt werden musste, an der sich der Fehler befand. Man sah es trotzdem und mit Professionalität hatte es dann am Ende auch nichts mehr zu tun.

Schauen Sie sich doch einmal zwei typische Stellenanzeigen für eine Sekretärin aus den Sechzigerjahren an:

Größeres Werk im Raum Aschaffenburg sucht

Mitarbeiterin für sein Direktionssekretariat

Bewerberinnen sollten etwa 20–25 Jahre alt, perfekt in Maschineschreiben und möglichst auch in Stenografie sein, gute Umgangsformen besitzen und geeignet sein, in eine Vertrauensstelle hineinzuwachsen. Abiturientinnen ohne Praxis wird Gelegenheit zur Einarbeitung gegeben.

Bewerbungen mit handgeschriebenem Lebenslauf, neuerem Lichtbild, Zeugnisunterlagen, unter Angabe von Gehaltswünschen sow. nächstem Eintrittstermin erbitten wir unter C A 5058 an die Frankfurter Allgemeine, Frankfurt a. M.

Kaufmännische Angestellte

perfekt in Steno und Schreibmaschine und mit guten kaufmännischen Kenntnissen, **zum sofortigen Eintritt gesucht.**

Bewerbungen mit handschr. Lebenslauf, Lichtbild, Zeugnis-
abschriften u. Angabe von Gehaltsansprüchen erbeten unter
C W 1179 an die Frankfurter Allgemeine, Frankfurt a. M.

(Quellen: FAZ 20.08.1955)

Daraus erklären sich auch die Anforderungen an das damalige Berufsbild:
stenosicher, Maschineschreiben, Telefonate durchstellen, gute Umgangsformen und gepflegtes Auftreten – Anforderungen, über die wir heute nur
noch teils amüsiert, teils müde lächeln – ach, was waren das doch für ruhige
Zeiten?

Eine Sekretärin um 1950 ...   *(© Photodisc)*

Das Schreibmaschinengeklapper, das früher in jedes anständige Büro gehörte, ist heute dem sanften Klicken der Computertastatur gewichen. Natürlich hat sich durch den Siegeszug der Computer, ohne die unser Arbeitsalltag nicht mehr denkbar wäre, auch das Berufsbild der Sekretärin entscheidend verändert und damit auch die Anforderungen, die an sie gestellt werden.

Ein Arbeitsmittel früher ...   *... und heute.*   *(© Photodisc)*

Hier von der »eierlegenden Wollmilchsau« zu sprechen ist sicher nicht übertrieben, denn neben einer hoch qualifizierten Ausbildung (häufig wird sogar ein abgeschlossenes Studium verlangt) müssen die Bewerber – ja, inzwischen werden durchaus auch Sekretäre in Betracht gezogen – noch Kenntnisse in mindestens einer Fremdsprache, umfangreiche EDV- und betriebswirtschaftliche Kenntnisse sowie langjährige Berufserfahrung mitbringen. Daneben werden »Soft Skills« wie Organisationstalent, Eigenständigkeit, Teamfähigkeit, Diskretion, Loyalität, Kommunikationsstärke und Durchsetzungsfähigkeit vorausgesetzt.

Als Vergleich zu früher hier zwei Beispiele aktueller Stellenbeschreibungen für einen Officer Manager (m/w) und ein/e Sekretär/in der Geschäftsleitung eines internationalen Unternehmens aus den Stellenangeboten eines Online-Jobanbieters:

OFFICE MANAGER (M/W)

Ihre Aufgaben:
- Eigenverantwortliche Durchführung aller Sekretariatsaufgaben und Gewährleistung interner Prozessabläufe
- Postbearbeitung, Inventarverwaltung und Bestellwesen
- Organisatorische Vorbereitung von Besprechungen
- Gästebetreuung und -bewirtung
- Betreuung der Telefonzentrale
- Terminkoordination und Reisekostenmanagement
- Rechnungskontrolle, Kassenführung und vorbereitende Buchhaltungstätigkeit
- Korrespondenz in Deutsch und Englisch

Das wird Ihnen geboten:
- Vielfältige Aufgaben in einem innovativen und internationalen Umfeld
- Direkte Entscheidungswege
- Offene Kommunikation
- Technische Ausstattung der jüngsten Generation
- Arbeit in einem jungen, dynamischen Team
- Aufbauarbeit mit Raum für eigene Entscheidungen und Gestaltung

Sie erfüllen folgende fachliche Anforderungen:
- Kaufmännische Ausbildung
- Mehrjährige einschlägige Berufserfahrung
- Sehr gute MS Office-Kenntnisse
- Sichere Englischkenntnisse in Wort und Schrift, die Sie am besten durch einen längeren Aufenthalt im englischsprachigen Raum erworben oder vertieft haben

Sie erfüllen folgende persönliche Anforderungen:
- Hohes Engagement sowie Belastbarkeit und Teamfähigkeit zeichnen Sie aus
- Sie begeistern sich dafür, Prozesse und Abläufe des eigenen Arbeitsbereichs mitgestalten und aufbauen zu können
- Sie arbeiten eigenständig und dienstleistungsorientiert und wissen, wie Sie andere wirkungsvoll unterstützen und entlasten
- Sie überzeugen durch einen ergebnisorientierten, gut strukturierten Arbeitsstil und Ihr Durchsetzungsvermögen
- Sie betrachten fehlende Prozesse nicht als Hindernis, sondern als Chance, Ihr Organisationstalent zu beweisen

Sind Sie interessiert?
Dann freuen wir uns auf Ihre Bewerbung:

GESCHÄFTSFÜHRUNGSSEKRETÄR/IN

Im Zweierteam sind Sie als »rechte Hand« der Geschäftsführung für die reibungslose Abwicklung aller anfallenden Sekretariatsaufgaben verantwortlich und übernehmen im Stile eines »Projektmanagers« zahlreiche Sonderaufgaben. Ob bei der Terminkoordination oder bei der Erstellung und Zusammenstellung wichtiger Entscheidungsgrundlagen – auf Sie ist jederzeit Verlass. Managen Sie »Ihr« Vorzimmer, und entfalten Sie sich in einem vielseitigen Aufgabenbereich.

Für diese verantwortungsvolle Position erwarten wir eine qualifizierte und motivierte Persönlichkeit, deren Ausbildung und Berufsweg eindeutig belegen, dass sie dieser nicht alltäglichen Aufgabe gewachsen ist. Dies bedeutet: Sie beherrschen alle Sekretariats- und Assistenzaufgaben souverän und erkennen Wesentliches. Zu jeder Zeit bringt Ihre Arbeit eine spürbare Entlastung. Sie lernen schnell, im Sinne Ihrer Chefs zu denken und zu handeln – und lassen weder Diplomatie noch Charme im Umgang mit Ihren exponierten Gesprächspartnern vermissen. Die Basis Ihres Könnens bildet Ihre mehrjährige Berufserfahrung als Leitungssekretär/-assistent (m/w) sowie Ihr sicherer Umgang mit modernster Bürokommunikation. Dass Sie die englische Sprache in Wort und Schrift sehr gut beherrschen, setzen wir voraus.

Sind Sie interessiert?

Dann freuen wir uns über Ihre Bewerbung (Anschreiben, Lebenslauf, Einkommensvorstellung und Verfügbarkeit) an uns, die beauftragte Personalagentur.

Eine Sekretärin heute (© 2004, MEV Verlag)

Fassen wir die Stellenausschreibungen zusammen: Steno- und Schreibma-
schinenkenntnisse sind passé, gefragt sind heute eine fundierte Ausbildung,
langjährige Berufserfahrung, gern auch in international agierenden Unternehmen, sehr gute Kenntnisse in den gängigen Computerprogrammen und
natürlich Fremdsprachenkenntnisse, wobei Englisch schon als selbstverständlich vorausgesetzt wird.

Aufgrund der umfassenden Anforderungen, denen eine Sekretärin heute
gerecht werden muss, und der Kenntnisse, die sie heute mitzubringen hat,
musste es unweigerlich zu einem Wandel des Berufsbildes – von der
»Tippse« zur Management Assistentin – kommen. Heute hat die Sekretärin
als Assistentin des Chefs alle Fäden in der Hand und verfügt dabei noch
über erhebliches Fachwissen, damit sie ihrem Chef im Hintergrund zuarbeiten kann. Dass sie dabei noch ein gepflegtes Erscheinungsbild haben muss,
immer gut gelaunt sein sollte und im Fall der Fälle schnell kreative Lösungen, auch für private Notfälle, parat haben muss, versteht sich von selbst.
Eine aktuelle Studie legt dar, dass sogar 30 Prozent des Erfolgs, den der Chef
hat, seiner Sekretärin zu verdanken sind.

Durch den immer stärkeren Wettbewerb und aufgrund der Globalisie-
rung wird heutzutage von den Unternehmen ein potenziertes Maß an Flexibilität und Einsatz verlangt, das eigenständiges und verantwortliches
Denken voraussetzt. Auch die zunehmende Umstrukturierung und die Ver-

schlankung der Hierarchieebenen in den Unternehmen führen dazu, dass die Sekretärin/Assistentin immer mehr Aufgaben des Vorgesetzten übernimmt, um ihn zu entlasten.

Wir sind uns einig: Diesem Berufsbild wird kein Klischee mehr gerecht!

Es gibt sie durchaus aber auch: die ehrlichen »Bewunderer« der Sekretärin, die ihren Job zu würdigen wissen und sich ihrer »Vormachtstellung« bewusst sind. Denn sie wissen: An der Assistentin muss man zuerst vorbei, um eine Audienz beim Chef zu bekommen. Sie entscheidet letztlich, ob und wann man einen Termin bekommt. Daher gilt es als oberstes Gebot, ihre Sympathie zu gewinnen.

Den Wandel des Berufs belegte auch eine der neuesten Imagestudien »Sekretärinnen – Multitalente mit Zukunft«, die vom Büroartikelhersteller Leitz in einer repräsentativen Befragung von 1000 Bundesbürgern durchgeführt wurde. In dem Bericht heißt es, dass das Arbeitsfeld der Sekretärin sich in den vergangenen Jahren erheblich gewandelt hat. Während die Bürokraft einst mit Kaffeekochen und schnellem Tippen bei ihrem Chef punkten konnte, sind heute wesentlich mehr Fähigkeiten und Eigenverantwortung gefragt: Sie ist redegewandt, gut organisiert und in viele wichtige unternehmerische Vorgänge eingebunden. Diese Veränderungen spiegeln sich auch in dem gestiegenen Ansehen wider, das Sekretärinnen heute in der Öffentlichkeit genießen.

Die moderne Sekretärin ist ein echtes Allroundtalent. Anstatt wie einst mit Stenoblock und Bleistift bewaffnet zum Diktat zu erscheinen, übernehmen die einstigen Vorzimmerdamen heute völlig andere Aufgaben: Sie müssen nicht nur perfekt im Umgang mit dem Computer sein, Bilanzen lesen können und sich im Marketing auskennen, sondern auch eigenverantwortlich Projekte durchführen, stilsicher und kreativ Briefe formulieren und möglichst viele Fremdsprachen beherrschen. Zudem sollten sie in stressigen Situationen einen klaren Kopf behalten und müssen nicht selten ihr diplomatisches Geschick unter Beweis stellen. Dieser enormen Veränderung wird mittlerweile auch in der Öffentlichkeit Rechnung getragen: Mehr als die Hälfte aller Befragten der von Leitz in Auftrag gegebenen Studie kommt zu dem Schluss, dass Sekretärinnen heute verantwortungsvollere Aufgaben übernehmen als früher.

Neben den sogenannten Hard Skills werden der Sekretärin dabei vor allem soziale Kompetenzen zugeschrieben. Absolute Zuverlässigkeit steht bei 56 Prozent der Befragten an erster Stelle. Sie sind sich einig, dass die Sekretärin selbst unter großem Zeitdruck imstande sein muss, die nächste Geschäftsreise zu buchen oder ein wichtiges Schreiben zu verfassen. Auch ihr Organisationstalent wird für entscheidend erachtet, davon sind 46 Prozent aller Befragten überzeugt. Fragen aus der Chefetage nach längst abgeschlossenen Vorgängen bringen eine Bürokraft nicht aus dem Konzept, denn sie weiß stets, wo sie jede noch so kleine Notiz säuberlich abgelegt hat. Dies schafft sie nur durch ein geschicktes Office-Management.

Da ist es nicht verwunderlich, dass sich auch die Berufsbezeichnungen geändert haben. Statt von Vorzimmerdamen oder Schreibkräften spricht man heute eher von Team-Assistentinnen oder Office-Managerinnen, da sie nicht selten die gesamte Organisation des Büroalltags übernehmen. Mit der Auffächerung der Arbeitsbereiche und dem steigenden Ansehen steht auch der Berufswunsch »Sekretärin« wieder hoch im Kurs. Auch Männer sind inzwischen dem Beruf nicht abgeneigt, selbst wenn die männliche Präsenz im Vorzimmer noch eher die Ausnahme ist.

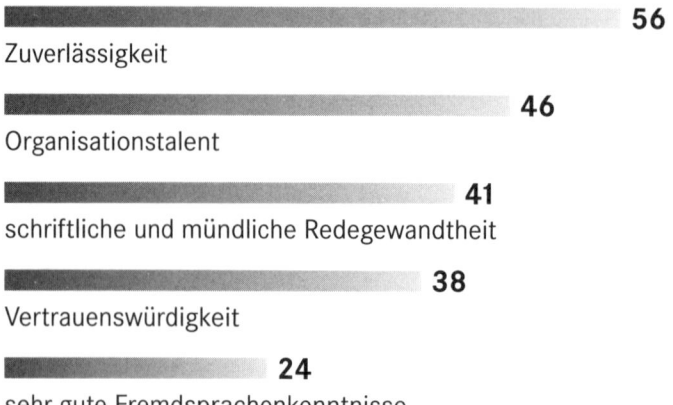

Auf die Sekretärin ist Verlass

Was sind die wichtigsten Eigenschaften,
über die eine Sekretärin oder ein Sekretär verfügen sollte?

56
Zuverlässigkeit

46
Organisationstalent

41
schriftliche und mündliche Redegewandtheit

38
Vertrauenswürdigkeit

24
sehr gute Fremdsprachenkenntnisse

Quelle: Leitz-Studie mit 1000 Befragten in Deutschland. Angaben in Prozent.

Weitere Statements der Presse:

»Die Sekretärin von heute hat fast Managerstatus. Mit dem immer größeren Aufgabenbereich ist ihr Ansehen gestiegen.«
(Financial Times, 2.4.2007)

»Mochten ehrgeizige Frauen noch in den Fünfzigerjahren nach der kaufmännischen Lehre mit Stolz zur Chefsekretärin eines Großkonzerns avancieren, so streben sie heute doch sicherlich selber nach einer Führungsposition.«
(Neue Zürcher Zeitung, 23.7.2006)

»Früher nahm die Sekretärin das Diktat auf und sortierte die Post, heute erledigt der Chef viele Aufgaben selbst am Computer. Während die Sekretärin einst als gute Fee im Hintergrund agierte, erstellt sie heute Geschäftsberichte, überwacht Budgets und empfängt internationale Gäste. Die ›Managementassistentin‹ oder der ›Office Manager‹ übernimmt Verantwortung – wenn sie es denn kann und darf.«
(Süddeutsche Zeitung, 25.2.2005)

Von der Ausbildung in die Chefetage

Sie sind sich sicher, dass Sie als Sekretärin den richtigen Job, Ihren Traumberuf haben? Herzlichen Glückwunsch, denn nur wenige, die sich für diesen Beruf entscheiden, wissen, was auf sie zukommt.

Dabei beginnt alles ganz harmlos mit der Frage: »Und, was willst du mal werden?« Wenn Sie darauf antworteten »Sekretärin«, haben Sie sicherlich oft ein müdes Lächeln geerntet. Lassen Sie sich nicht von solchen Reaktionen irritieren!

Fragen Sie sich lieber, wie Sie Ihren Weg in das Sekretariat erfolgreich starten.

Ausbildung

Es gibt drei ähnliche klassische Ausbildungen:

1. Bürokaufmann/-frau: Hier liegt der Schwerpunkt auf der Sacharbeit in Vertrieb, Einkauf oder Personalabteilung.
2. Kaufmann/-frau für Bürokommunikation legt den Schwerpunkt auf die Organisation. Es wird drei Jahre im Betrieb und in der Berufsschule ausgebildet.
3. Fachangestellte für Bürokommunikation bildet der öffentliche Dienst mit Extrawissen in Recht und Verwaltung aus.

Weiterbildungen zur »Fachkraft für Büromanagement« werden von den örtlichen Industrie- und Handelskammern angeboten. Diese Angebote beinhalten einen Lehrgang mit IHK-Prüfung sowie einen zur »Assistenz in der Geschäftsführung« (mit Zertifikat).

Auch der bsb-Bundesverband Sekretariat und Büromanagement e.V. führt berufsbegleitende Lehrgänge zur »geprüften Sekretärin oder Fremdsprachensekretärin« und verschiedene Weiterbildungen durch.

Außerdem bieten private Akademien Studiengänge zur »Europa-Sekretärin«, zur »Fremdsprachlichen Direktionssekretärin oder -assistentin« oder zur »Management-Assistentin« an. An diese Studiengänge ist in der Regel ein mehrmonatiger Auslandsaufenthalt gekoppelt. Der Schwerpunkt liegt auf Fremdsprachen, elektronischer Datenverarbeitung, Recht, Volkswirtschafts- und Betriebswirtschaftslehre und Managementwissen. Voraussetzungen für dieses Studium sind Abitur und fundierte Fremdsprachenkenntnisse. Bei erfolgreichem Ablegen der Prüfung wird ein internationales Diplom verliehen. Nach dieser Ausbildung sind Sie sehr gut darauf vorbereitet, gleich in einer höheren Sekretariatsebene einzusteigen – sprich: im Chefsekretariat.

Einige haben auch keine explizite Sekretariatsausbildung und bewerben sich gleich mit einem Hochschulexamen auf eine Stelle in der Geschäftsleitung, was durchaus auch funktionieren kann.

Auswahl

Welche Unternehmen bieten Ihnen nun den vielversprechendsten Einstieg in das Berufsleben?

Nachdem Sie Ihre Prüfungen geschafft haben, wollen Sie endlich die Chance ergreifen, erstens mit Ihrem Wissen zu glänzen und zweitens Ihre Fähigkeiten auszubauen. Die Möglichkeit hierzu bekommen Sie in der Regel am besten in internationalen Großunternehmen, da dort mehrere Arbeitsplätze zur Verfügung stehen und sich für Sie somit mehr Möglichkeiten für den Einstieg oder für einen Arbeitsplatzwechsel innerhalb des Unternehmens ergeben.

Das Prozedere ist unterschiedlich: Mal werden Sie sofort auf Ihre Wunschposition gesetzt – falls diese vakant ist und Sie die entsprechenden Einstiegsqualifikationen mitbringen –, mal durchlaufen Sie am Anfang als Trainee mehrere Abteilungen, was durchaus Vorteile mit sich bringt. Sie haben dann verschiedene Abteilungen und Arbeitsweisen kennengelernt, so Ihren Erfahrungsschatz enorm erweitert und sich unverzichtbar für die Firma gemacht.

Mit etwas Glück wird später die von Ihnen gewünschte Stelle frei und Sie haben dann als interner Mitarbeiter eine größere Chance, bei der Stellenbesetzung berücksichtigt zu werden. Oft ist es auch einfach nur das »Quäntchen Glück«, dass Sie zur richtigen Zeit am richtigen Ort sind.

Aber wie sieht es in der Wirklichkeit aus? Muss man denn wirklich alles perfekt beherrschen? Und wie soll das eigentlich logisch alles funktionieren: Da
wird eine junge dynamische Assistentin mit exzellenter Berufsausbildung
und möglichst vielen Jahren an Berufserfahrungen gesucht – wie ist das
rechnerisch gleichzeitig möglich?

Es wird bekanntlich nicht immer alles so heiß gegessen, wie es gekocht
wird, und in der Praxis sieht vieles anders aus. Manchmal besteht ein riesi-
ger Unterschied zwischen der Stellenausschreibung und der tatsächlichen
Position.

Wenn man weiß, dass man hinter seinem Beruf steht, ein gesundes
Selbstvertrauen hat, bereit ist dazuzulernen und die Stellenausschreibung
ansprechend ist, sollte man sich auf jeden Fall bewerben. Sie haben nichts
zu verlieren und können oft mehr erreichen, als Sie denken! Und falls es
nicht klappt, sind Sie auf jeden Fall um eine Erfahrung reicher.

Das Geheimnis lautet: ständig neugierig und bereit sein, sich weiterzuentwickeln.

Vorstellungsgespräch

Herzlichen Glückwunsch! Wenn Sie eine Einladung zu einem Vorstellungsgespräch erhalten haben, ist das schon einmal »die halbe Miete«.

Versuchen Sie, vor diesem Gespräch so viele Informationen wie möglich
über das Unternehmen zu sammeln: Was sind seine Ziele, Strategien, Leitlinien und die Stellung im Markt? Wie heißen die Vorstände bzw. die Geschäftsführung, wie viele Mitarbeiter beschäftigt das Unternehmen, welche
Produkte werden hergestellt bzw. welche Dienstleistungen angeboten, wo
sitzen die Niederlassungen, wie heißen die Geschäftspartner usw.? Auf jeden
Fall sollten Sie sich vorab auch die hauseigene Broschüre oder die Homepage
des Unternehmens ansehen. Suchmaschinen im Internet (z. B. Google) bieten dabei eine große Hilfe. Ebenso können bei den Berufsverbänden oder

der örtlichen Industrie- und Handelskammer Informationen über das Unternehmen angefordert werden. Informieren Sie sich auch über Presse und Fachzeitschriften.

Es kann nämlich durchaus vorkommen, dass man Sie bei dem Bewerbungsgespräch danach fragt, wie Ihnen die Internetseite des Unternehmens gefällt, um herauszufinden, ob Sie sich gründlich vorbereitet haben.

Fragen Sie während des Vorstellungsgespräches auch danach, wie Ihre zukünftige Stelle aussieht: Mit welchen Abteilungen werden Sie zusammenarbeiten? Welche Qualifikationen sind dafür erforderlich? Ist diese Stelle ausbaufähig? Gibt es noch Aufstiegsmöglichkeiten? Wie und wo müssen Sie sich dafür noch weiterbilden? Können Sie Ihre Fremdsprachenkenntnisse anwenden?

Schreiben Sie sich am besten Ihre Fragen sorgfältig auf und nehmen Sie Ihre kompletten Bewerbungsunterlagen mit. Das macht gleich einen gut vorbereiteten und professionellen Eindruck.

Einstieg

Manchmal kommt es leider auch vor, dass die ausgeschriebene Position einem anfangs sehr schmackhaft gemacht wird, und am Ende muss man dann leider feststellen, dass die Ausschreibung nicht der Realität entspricht. Sie ist letztlich doch nicht so herausfordernd, man kann seine Fremdsprachenkenntnisse nicht anwenden oder die Maske fällt und der Chef entpuppt sich als unsympathischer Fiesling. Leider kann man das im Vorfeld – meistens – nicht erahnen.

In diesem Fall gilt es erstmal Ruhe zu bewahren. Vielleicht kann ein klärendes Gespräch mit dem Chef, in dem man seine Bedenken und Empfindungen mitteilt, erst einmal helfen und das Blatt wendet sich doch noch. Falls nicht, sollte man schauen, ob sich innerhalb des Unternehmens noch Möglichkeiten ergeben, auf eine andere Stelle zu wechseln. Sollte dies nicht der Fall sein, bleibt einem leider nichts anderes übrig, als mit der Suche nach einer anderen Stellenausschreibung zu beginnen.

Gehalt

Das Gehalt einer Sekretärin kann in der freien Wirtschaft je nach Tätigkeitsfeld stark variieren. Assistentinnen und Sekretärinnen in den Chefetagen verdienen zum Beispiel erheblich mehr als eine Schreibkraft oder Telefonistin. Außerdem hängt die Höhe des Gehalts auch vom Standort ab, da es große regionale Unterschiede gibt: München, Frankfurt/Main und Düsseldorf sind in Deutschland an der Spitze, in Nürnberg, kleineren Städten und in Ostdeutschland wird dagegen unterdurchschnittlich gezahlt.

Ebenfalls ausschlaggebend ist die Branche: In der Finanz- und Versicherungsbranche sind die Gehälter wesentlich höher als beispielsweise bei Sekretärinnen im Einzel- und Versandhandel.

Der Jahresverdienst im Bundesdurchschnitt*:

1. Schreibkraft/Telefonistin/Empfang: 30.300 Euro
2. Chefsekretärin/Chefassistentin: 47.800 Euro
3. Sachbearbeiterin im Vertrieb: 37.700 Euro

Laut der bundesweiten Gehaltsumfrage lohnspiegel.de verdienen Sekretärinnen monatlich (ohne Urlaubs-, Weihnachtsgeld, Sonderzahlungen):

In den ersten Berufsjahren 1.794 Euro (im Osten: 1.495 Euro) bei Unternehmen mit bis zu 100 Mitarbeitern. Bei Arbeitgebern mit mehr als 500 Beschäftigten liegt das Gehalt bei 2.228 Euro (im Osten: 1.857 Euro).

Nach zehn Berufsjahren gibt es bei kleineren Firmen 1.959 Euro (im Osten 1.633 Euro), bei Groß-Unternehmen 2.434 Euro (im Osten 2.028 Euro).

Laut der Personalberatung Personalmarkt verdienen Sekretärinnen im Schnitt 30.157 Euro, wobei die Gehälter je nach Region sehr stark schwanken und bis auf 54.000 Euro steigen können.

Nur 32 Prozent aller von Kienbaum befragten Firmen vergüten die Überstunden.

---

* Die angegebenen Gehälter können nur Anhaltspunkte sein. Das individuelle Gehalt kann je nach Ausbildung, Berufserfahrung, Position, Branche, Ort etc. nach oben oder unten abweichen. Quelle: Kienbaum: Vergütungsstudie 2006: Sekretariats- und Bürokräfte, lohnspiegel.de 2006, personalmarkt 07.

Drehscheibe Sekretariat:
die erforderlichen Kompetenzen

Oft werde ich gefragt, welche Qulifikationen eine gute Sekretärin/Assisten-
tin mitbringen sollte, um in ihrem Beruf erfolgreich zu sein.

Diese Anforderungen können ganz klar in zwei große Kompetenzberei-
che aufgeteilt werden: Zum einen in die fachlichen Kompetenzen (die sogenannten Hard Skills), zum anderen in die persönlichen und sozialen
Kompetenzen (die sogenannten Soft Skills). Beide in Kombination sind die
Voraussetzung dafür, dass der Dreh- und Angelpunkt »Sekretärin« im Büro
reibungslos funktioniert.

Soziale Kompetenzen

Zu ihnen zählen insbesondere:
1. gute Umgangsformen
2. ausgeprägte persönliche Souveränität, Integrität und Glaubwürdigkeit
3. Belastbarkeit und hohe Frustrationstoleranz
4. hohes Maß an Einsatzfreude
5. Fähigkeit, Vorbild zu sein
6. Fähigkeit, Einfluss verantwortungsvoll und angemessen auszuüben
7. Fähigkeit, bei Schwierigkeiten und Misserfolgen Ziele weiterzuver-
   folgen
8. Übernehmen von Führungsaufgaben (informieren, delegieren, motivieren, beurteilen, fördern, Konflikte bewältigen, Rückmeldung an Mitarbeiter, überzeugen, kontrollieren)
9. Loyalität und Verschwiegenheit
10. Teamfähigkeit
11. Diskretion
12. sicheres, angenehmes, sympathisches und überzeugendes Auftreten
13. gepflegtes Erscheinungsbild
14. Freundlichkeit
15. Einfühlungsvermögen (Empathie)

16. Zuverlässigkeit
17. Kommunikations- und Kooperationsfähigkeit
18. Flexibilität
19. Menschenkenntnis
20. Selbstsicherheit
21. Sinn für Prioritäten
22. Verbindlichkeit
23. Gelassenheit
24. Überzeugungskraft
25. Persönlichkeit und Charme

Sie sehen, dass schon eine ganze Menge an »emotionaler Intelligenz« von der Sekretärin verlangt wird (siehe dazu auch Kapitel »Erfolgsfaktoren im Sekretariat«). Diese Fähigkeiten sind schwer messbar, lassen sich allerdings trainieren.

Die Soft Skills nehmen ganz eindeutig im Sekretariat den größten Stellenwert ein und sind somit der Schlüssel zum Erfolg. Denn nur mit Fachwissen allein kann man in diesem Beruf nicht punkten. Als erste Kontaktstelle im Sekretariat hat man mit so vielen verschiedenartigen Menschen zu tun, auf die man sich einstellen und die man auch verstehen muss.

Viele Führungskräfte haben meist gar nicht die Zeit, sich mit diesen Zwischentönen zu beschäftigen, oder auch nicht die Sensibilität, es zu tun. Daher ist es die Aufgabe der Sekretärin, dieses auch für ihren Chef zu übernehmen.

Diese Gegebenheit könnte vielleicht auch einer der Gründe dafür sein, warum dieser Beruf immer noch mehr unter den Frauen verbreitet ist, denn Männer tun sich bekanntlich schwerer mit den sogenannten Soft Skills. Daher ist dieser Beruf nach wie vor gelebte Frauendomäne.

Für Männer ist es außerdem immer noch wichtig, dass ihr Erfolg messbar ist, was sich im Aufstieg auf der Karriereleiter oder dem verdienten Titel widerspiegelt – es ist eben ein Kampf der Platzhirsche. Eine Sekretärin zieht eher bescheiden im Hintergrund die Fäden und führt intuitiv.

Die Sekretärin wird auch manchmal liebevoll »gute Seele« des Büros genannt, da sie auch hin und wieder ihren Chef »bemuttert«, sprich: ihm jeden Wunsch von den Augen abliest. Mit diesen »telepathischen Fähigkeiten« tun sich Männer ebenfalls schwer, denn dies ist eigentlich nicht in ihrer Natur verankert.

Auf den folgenden Seiten gehe ich auf einige sehr wichtige Soft Skills ein, die ich aus meiner Berufserfahrung als Fundament für unerlässlich halte, um den Chef effektiv unterstützen zu können:

Loyalität und Verschwiegenheit

Reden ist Silber, Schweigen ist Gold. In kaum einem anderen Beruf wird von Ihnen ein so hohes Maß an Verschwiegenheit verlangt wie in dem der (Chef-)Sekretärin, denn Sie kommen mit Informationen in Berührung, die vertraulich und heikel sind und die – ja, auch das wird auf Sie zukommen – strengstens privat sind. Unternehmensentscheidungen, Fusionen, Personalentwicklungen, Gehaltsverhandlungen, vertrauliche Gespräche, deren Zeuge Sie wurden – all das muss von Ihnen vertraulich behandelt werden. Plappermäulchen sind im Sekretariat fehl am Platz.

Tipp

Achten Sie immer darauf, dass keine vertraulichen Dokumente offen auf Ihrem Schreibtisch liegen bleiben, wenn Sie das Büro verlassen. Denn ein Blick von nicht autorisierten Kollegen kann schnell für Gerüchte und unerwünschte Reaktionen sorgen.
Die gleiche Vorsicht gilt beim Kopieren vertraulicher Unterlagen. Achten Sie darauf, dass Sie beim Weggehen nichts im oder auf dem Kopierer liegen lassen.

Historisch betrachtet kommt der Begriff »Sekretärin« vom Lateinischen »secretus« und wird mit »geheim« übersetzt. Im 15. Jahrhundert gab es bereits im Vatikan die sogenannten Secretarii, die engsten Vertrauten und Ratgeber des Papstes, die mit ihm die geheimsten Dinge besprachen und den Schriftverkehr regelten. Somit bedeutete damals schon diese Position eine hohe Macht- und Vertrauensstellung, welche sich nunmehr in der heutigen Zeit widerspiegelt.

Loyalität Ihrem Chef und dem Unternehmen gegenüber spielen daher eine uneingeschränkte Rolle. Von der Sekretärin kann es sogar stark abhängig sein, welches Bild ihr Chef nach außen verkörpert. Spricht sie anerkennend und positiv über ihn, ist auch die Wirkung nach außen dementsprechend. Das Umgekehrte kann aber natürlich auch der Fall sein. Daher trägt sie ebenfalls eine große Verantwortung für die Außenwirkung ihres Chefs.

Sie sollten die Fähigkeit besitzen, in der internen und externen Kommunikation das rechte Maß zwischen Verschwiegenheit und Vernetzung zu finden. Es kann durchaus mal vorkommen, dass Sie in einen Konflikt zwischen Chef und Kollegen geraten. Geht es zum Beispiel um vertrauliche Informationen über einen Kollegen, sind Sie automatisch Mitwisserin, müssen sich aber trotzdem neutral verhalten. Versuchen Sie, sich beiden Parteien gegenüber so loyal wie möglich zu geben und sich zu keiner Aussage hinreißen zu lassen. Alle Beteiligten müssen das Gefühl haben, Ihnen vertrauen zu können. Werden Sie von Ihrem Chef oder einem Kollegen auf eine vertrauliche Angelegenheit angesprochen, sagen Sie gleich offen, dass es sich um etwas Vertrauliches handelt und Sie deshalb nicht darüber reden werden. Dadurch beweisen Sie, dass Sie standhaft und zuverlässig sind.

Eine Ausnahme ist es jedoch, wenn es beispielsweise um das allgemeine Wohl des Unternehmens bzw. um die Arbeitsatmosphäre in der Abteilung geht. Sollte Ihnen zu Ohren kommen, dass Mitarbeiter unmotiviert und unzufrieden sind oder dass es Unstimmigkeiten in der Abteilung gibt, ist es Ihre Aufgabe als rechte Hand des Chefs, ihm diesbezüglich einen dezenten Wink zu geben, ohne gleich als »Petze« dazustehen. Sie könnten beispielsweise den Chef diskret darauf aufmerksam machen, dass es mal wieder an der Zeit sei, einen Rundgang bei den Mitarbeitern zu machen, Informationen einzuholen oder einfach nachzufragen, wie es ihnen gehe. Das motiviert ungemein und die Mitarbeiter fühlen sich ernst genommen und wertgeschätzt. Oft ist der Chef jedoch selbst so mit seinen Aufgaben und Terminen beschäftigt, dass er solche Erfordernisse einfach nicht mitbekommt – teilweise auch schon aufgrund der räumlichen Entfernung. Helfen Sie somit Ihrem Chef, Spannungen zu lösen, bevor Probleme entstehen.

Gerade nach wichtigen Veranstaltungen oder Gremiensitzungen ist es wichtig, den Mitarbeitern für ihren Einsatz zu danken und ggf. eine Feedbackrunde einzuberufen, in der besprochen wird, was gut gelaufen ist bzw. das nächste Mal besser gemacht werden kann. Er wird Ihnen für diese Hinweise und Erinnerungen dankbar sein und Sie haben außerdem noch eine gute Tat vollbracht!

Loyal zu sein kann auch bedeuten, manchmal im Notfall zur Verfügung zu stehen, wenn beispielsweise nach Feierabend noch Dringendes zu erledigen ist.

Auch Fehler, die man selbst gemacht hat, sollte man eingestehen und nicht auf andere schieben. Das zeugt ebenfalls von Loyalität und Charakterstärke.

Es gibt aber auch Grenzen: wenn Ihr Verhalten zum Beispiel gegen Ihre moralischen Vorstellungen geht, Sie in einen seelischen Konflikt geraten oder gesundheitliche Schäden davontragen. Dann ist es an der Zeit, ganz klar Ihre Grenzen aufzuzeigen und den Chef um ein Gespräch zu bitten oder im ungünstigsten Fall das Unternehmen zu verlassen.

Da gibt es beispielsweise Sekretärinnen, die sich ständig mit der Ehefrau des Chefs auseinandersetzen müssen, da diese minutiös über Meetings und den Tagesablauf ihres Mannes informiert sein will. Der Chef lässt sich am Ende noch verleugnen und die Sekretärin muss sehen, wie sie sich aus der Affäre zieht. Das ist auf die Dauer natürlich für die Arbeitsatmosphäre sehr belastend, da es allen Beteiligten Nerven und Zeit raubt.

Ebenso kann es zu einem großen Interessenkonflikt kommen – wie es auch in der Presse zu lesen war –, wenn die Sekretärin von Veruntreuungen ihrer Chefs weiß, da ja alles Vertrauliche über ihren Tisch geht. Sie wird dann zwangsläufig zur Mitwisserin. Am Ende wird sie sogar als Zeugin zu Gerichtsverhandlungen geladen, um über die prekären Vorfälle zu berichten. Grundsätzlich sollte es so natürlich nie enden.

Feingefühl

Seien Sie aufmerksam, wenn Sie im Vorzimmer sitzen. Obwohl Sie für sich selbst ein »dickes Fell« brauchen, können Sie im Umgang mit Ihrem Chef nicht darauf verzichten, seine Signale wie ein Sonargerät zu empfangen und sich darauf einzustellen. Sie müssen spüren, wie Ihr Chef »tickt«.

Ist er eher ein Morgenmuffel oder bereits ab 7.30 Uhr hyperaktiv? Sprechen Sie wichtige Entscheidungen am Morgen, eher nachmittags, kurz vor Feierabend oder heute besser gar nicht an?

Damit nicht genug: Auch Ihre Kollegen müssen Sie einzuschätzen wissen, denn Ihr Chef wird Sie häufig bitten, Informationen und Aufträge an die Kollegen weiterzuleiten. Es ist darum wichtig, die Anweisungen möglichst feinfühlig und diplomatisch weiterzugeben, sodass eine gute Kommunikation zwischen Ihnen und Ihren Kollegen herrscht. Wichtig ist es, dass am Ende keine Missverständnisse aufkommen.

Hier ist eine hohe Kommunikationsfähigkeit gefragt: Sie sollten nicht nur die Kunst des aktiven Zuhörens beherrschen – was sich oft schwieriger als Sprechen gestaltet –, sondern auch die Signale der Kollegen wie Mimik, Gestik und Körperhaltung entschlüsseln können, um Konflikte schon im Vorfeld aufzuspüren und im Keim zu ersticken.

Schlechte Nachrichten

Manchmal kommt es vor, dass Sie unangenehme Botschaften vom Chef weitergeben sollen. Hier ist vor allem sehr viel Fingerspitzengefühl gefragt, um diese richtig zu »verpacken«. Ganz wichtig ist es, dass Sie schlechte Nachrichten immer persönlich überbringen, auf keinen Fall per Brief oder E-Mail. Schieben Sie es nicht auf die lange Bank – es gibt bei so etwas bekanntlich nie den richtigen Zeitpunkt.

Bereiten Sie sich gut auf das Gespräch vor, indem Sie sich im Voraus einen geeigneten und empathischen Einleitungssatz überlegen (»Ich muss Ihnen jetzt leider eine schlechte Nachricht überbringen ...«). Halten Sie sich an Fakten und informieren Sie so konkret wie möglich. Bringen Sie ruhig Ihre eigenen Gefühle zur Sprache (»... das tut mir sehr leid ...«), damit Sie nicht wie ein sprachgesteuerter Roboter wirken. Das zeugt von Mitgefühl und Verständnis.

Sie müssen eventuell auch damit rechnen, von Ihrem Gegenüber feindselig behandelt zu werden, da Sie diejenige sind, die seine ersten Emotionen abbekommt – das gehört leider mit dazu. Bleiben Sie ruhig und sehen Sie sich nur als die Überbringerin der Nachricht. Nehmen Sie sich Zeit für das Gespräch und verlassen Sie nicht gleich hektisch den Raum, weil eine unangenehme Atmosphäre herrscht.

> Vergessen Sie nicht:
> Sie sind das **Horch- und Sprachrohr des Chefs** – mit weit ausgefahrenen Antennen gepaart mit einer Portion rhetorischem Geschick!

Flurfunk

Aber Vorsicht: Es lauern auch überall Gefahren, wie zum Beispiel die stille Post des »Flurfunks«.

Sie kennen das bestimmt selbst noch aus Ihrer Jugend: Jemand erzählt Ihnen eine Geschichte, Sie erzählen sie weiter und am Ende der Mitteilungskette kommt ein völlig veränderter – teilweise auch sinnentstellter – Inhalt heraus. Bei jedem Empfänger werden die Informationen neu gefiltert und nur das wird weitererzählt, was für den Mitteilenden gerade am wichtigsten ist.

So ähnlich funktioniert es auch im Büroalltag. Was wäre er denn ohne die gute alte Gerüchteküche? Mit wie vielen Kollegen war man nicht schon »verbandelt«, nur weil man öfter gemeinsam zur Mittagspause gegangen ist?

Daher ist mit Informationen und Erzählungen aus dritter Hand kritisch und vorsichtig umzugehen. Am besten reden Sie gleich unter vier Augen mit dem Betroffenen, wenn Sie ein Anliegen oder Problem haben.

Tipp

Wichtig ist es dabei auch, unvoreingenommen in das Gespräch zu gehen, d. h. nicht schon im Vorfeld zu erahnen, wie es ausgehen wird. Sonst bräuchte man es gar nicht erst zu führen. Vorurteile gegenüber dem Gesprächspartner sollten ebenfalls abgebaut werden, da sie der Kommunikation und der neutralen Sichtweise im Wege stehen.

Bermudadreieck

Es ist ein ewiger Balanceakt: Oft kommt sich die Sekretärin innerlich »zerrissen« vor (»Ich kann mich doch nicht zerteilen und es allen gleichzeitig recht machen …«), denn sie befindet sich im Zentrum des Beziehungsgeflechts im Büro und steht oft »zwischen den Stühlen«. Eine Herausforderung ist es, den richtigen Mittelweg zwischen Distanz und Kumpelhaftigkeit gegenüber den Kollegen zu finden.

Ich vergleiche diese Situation gern mit dem sogenannten Bermudadreieck bestimmter Rollenerwartungen.

In diesem Schaubild ist der Idealfall dargestellt, in dem sich die Sekretärin im Einklang mit allen drei Parteien befindet: dem Chef, den Kollegen, dem Unternehmen und ganz wichtig, auch mit sich selbst in der Rolle als Sekretärin (»S«):

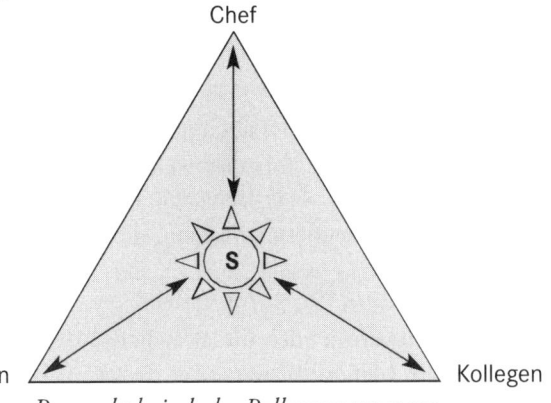

Bermudadreieck der Rollenerwartungen

Ihr muss bewusst sein, dass sie sich auf der einen Seite noch unterordnet, da sie vom Chef fremdbestimmt wird, auf der anderen Seite agiert sie aber auch selbstständig, übernimmt wichtige Managementfunktionen und steuert wiederum den Chef.

Der Vorgesetzte seinerseits wünscht von ihr die fachliche Unterstützung und Entlastung, eine selbstständige Arbeitsweise sowie das effektive Umsetzen seiner Ziele.

Die Kollegen erwarten eine gewisse Vorbildfunktion, Teamfähigkeit und Kooperation, indem die Sekretärin regelmäßig wichtige Informationen an sie weiterleitet.

Für das Unternehmen stehen die Einhaltung der Regeln und Vorschriften, die Kenntnis der Organisation sowie die Beachtung der Rahmenbedingungen im Vordergrund. Neben ihrer Arbeit im Büro sollte eine Sekretärin nicht noch eine andere Tätigkeit ausführen. Ihre ganze Aufmerksamkeit sollte sie voll und ganz dem Unternehmen widmen, um die Unternehmensziele wahren zu können.

Diese gegensätzlichen Anforderungen sollte die Sekretärin bewusst wahrnehmen, um im Einklang mit ihrer Position zu stehen.

All diesen Rollenerwartungen gilt es gerecht zu werden, was natürlich in der alltäglichen Büropraxis nicht immer einfach ist.

Im Tagesgeschäft ist meistens eine Rolle ausgeprägter als die andere. Dies sollte allerdings keine extremen Formen annehmen, wie folgende Beispiele veranschaulichen:

1. Ist die Sekretärin zu eng mit dem Chef, beschweren sich eventuell die Kollegen, dass sie nicht kommuniziert und keine gut funktionierende Schnittstelle darstellt.
2. Ist die Sekretärin zu eng mit den Kollegen, geht es meistens zulasten des Chefs, da dieser sich eventuell nicht gut »umsorgt« fühlt.
3. Geht die Sekretärin nur ihren eigenen Interessen nach und macht »Dienst nach Vorschrift« ohne zusätzliches Engagement, so leidet die Arbeitsbeziehung zu Chef und Kollegen.

Leider kann man nicht allen Parteien gleichzeitig gerecht werden und »everybody's darling« sein. Dafür ist der Spagat zwischen den jeweiligen Rollenerwartungen zu groß. Man muss sich dieser Zwickmühle bewusst sein und versuchen, für sich die goldene Mitte zu finden, in der man sich wohlfühlt.

Abwimmeln

Feingefühl ist auch beim »Abwimmeln« aufdringlicher Anrufer gefragt:

Welche Sekretärin kennt diese Fragen nicht »Können Sie mich mal kurz zu Ihrem Chef durchstellen?« oder »Ist Herr XY mal eben zu sprechen?«. Solche Anfragen sind ohne Angabe von Name und Anliegen des Anrufers eine echte Unart.

Da wird felsenfest behauptet, dass es sich um eine wichtige private Angelegenheit handle. Die ideenreichsten Varianten werden erfunden, von beispielsweise »Ich bin ein früherer Arbeitskollege Ihres Chefs« oder »Das geht nur Ihren Chef etwas an« bis hin zu »Ihr Chef hat mich gebeten, mich heute schnellstens bei ihm zu melden« – natürlich, das sagen alle!

Es gibt viele ausgeklügelte Ideen und phantasiereiche Ausreden, um zum Chef vorzudringen. Diese gilt es, auf nette, aber auch manchmal bestimmende Art und Weise zu enttarnen.

Hier ein Beispiel des »alltäglichen Telefonwahnsinns« zwischen einem »Pseudofreund« des Chefs und der Sekretärin (zum Schmunzeln):

Sekretärin: »Firma Bauer, Frau Sabine Müller, guten Tag.«

Anrufer: »Guten Tag, ich muss ganz dringend Ihren Chef, Herrn Wichtig, sprechen.«

Sekretärin: »Mit wem spreche ich denn bitte?«

Anrufer: »Mit Herrn Dr. Oberwichtig.«

Sekretärin: »Das tut mir leid, Herr Dr. Oberwichtig, Herr Wichtig ist auf einer Dienstreise. Kann ich ihm etwas ausrichten?«

Anrufer: »Nein, ich bin ein sehr guter Bekannter von ihm, dass muss ich ihm schon selbst sagen.«

Sekretärin: »Gut. Dann haben Sie ja auch bestimmt seine private Handynummer für solche Fälle?«

Anrufer: »Oh nein, die muss ich wohl verlegt haben. Könnten Sie mir die noch einmal schnell durchgeben?«

Sekretärin: »Tut mir leid, in diesem Fall kann ich Ihnen leider nicht weiterhelfen. Ich gebe die Privatnummer nicht einfach so weiter. Wir rufen Sie aber gern zurück, wenn Herr Wichtig wieder im Hause ist. Geben Sie mit bitte Ihre Rufnummer?«

Anrufer: »Unverschämtheit. Ich werde mich bei Ihrem Chef beim nächsten Treffen im Tennisclub über Sie beschweren.«

Oft handelt es sich nur um eine einfache Terminanfrage des Anrufers, mit der Sie Ihren Chef nicht zu belasten brauchen, denn die ist Ihre Aufgabe. Daher ist es wichtig, gleich am Anfang des Telefonats nach dem sogenannten Stichwort des Anrufers zu fragen. Sollten Sie damit bei ihm auf Widerstand stoßen, können Sie ihm durchaus zu verstehen geben, dass Sie die Anweisung haben, ohne Angabe des Anliegens das Gespräch nicht durchzustellen.

Die Kunst liegt darin, wichtige Anrufer von unwichtigen zu unterscheiden. Manchmal handelt es sich auch um rhetorisch geschickte Vertreter, die dem Chef etwas anpreisen wollen. Diese gilt es ebenfalls durch hartnäckiges Nachfragen Ihrerseits zu enttarnen und sich nicht durch ihre einstudierten Floskeln überrumpeln zu lassen: »Was ist Ihr genaues Anliegen?« oder »Ich kann Ihnen bestimmt vorab weiterhelfen, wenn Sie mir einige Details erzählen«. Machen Sie dem Anrufer klar, dass es auch für ihn von Vorteil ist, wenn der Chef sich im Vorfeld auf das Gespräch vorbereiten kann.

Wenn es sich um komplexe Informationen handelt, bitten Sie den Anrufer, sein Anliegen in einem Brief oder einer E-Mail zu formulieren. Das hat den Vorteil, dass derjenige sich dann meistens nur auf die wichtigsten Informationen beschränkt und Sie einen Eindruck bekommen, wie wichtig die Angelegenheit überhaupt ist. Manchmal wird sich dieser Anrufer mit dem angeblich so wichtigen Anliegen nie wieder melden.

Eine Ausnahme gilt bei Anrufern aus dem Ausland. Dort ist es nicht unbedingt üblich, gleich am Anfang des Telefonates seinen Namen und den Grund des Anrufes mitzuteilen, sondern man meldet sich nur kurz mit »I would like to speak to Mr. XY«. Wir empfinden das als sehr forsch und unhöflich. Auch hier gilt es durch geschicktes und höfliches Hinterfragen (»May I ask who's calling, please?«) an die gewünschten Informationen zu gelangen.

Hilfreich ist es, eine Liste mit wichtigen Kontakten parat zu haben, die man – nach vorheriger Rücksprache mit Ihrem Chef – (fast) immer durchstellen kann.

Ansonsten ist das hartnäckige Hinterfragen der Informationen unerlässlich. Dabei kommt es natürlich auch immer darauf an, wie der Anrufer Sie behandelt. Reagiert er von »oben herab« oder aggressiv, sollten Sie ihm freundlich, aber bestimmt deutlich machen, dass es durchaus einen Grund hat, warum Sie im Vorzimmer Ihres Chefs sitzen. Sollte der Anrufer es nicht für nötig erachten, sein Anliegen zu erklären, muss er leider damit rechnen, nicht zurückgerufen zu werden. Denn schließlich ist es u. a. Ihre Aufgabe, Prioritäten zu setzen. Sollte er unhöflich oder ausfallend werden, ist es an der Zeit, das Gespräch sofort zu beenden (»Ich denke, wir sind am Ende unseres Telefonats angelangt, und wünsche Ihnen noch einen schönen Tag«) und aufzulegen.

Es gibt auch die sogenannten Ewig-Redner, die nicht auf den Punkt kommen und den Eindruck vermitteln, sie hätten den ganzen Tag nichts anderes zu tun, als mit Ihnen zu telefonieren. Das ist ja schön und gut, aber Sie müssen Ihre Arbeit schaffen. Versuchen Sie, den Anrufer bei einer Atempause zu unterbrechen und ihn mit Namen anzusprechen (»Das ist wirklich interessant, Herr Dr. Oberwichtig, ich habe jedoch noch ein Gespräch auf der anderen Leitung …«). Das Ansprechen mit seinem Namen weckt gleich seine Aufmerksamkeit und er hört zu. Das ist jetzt Ihre Chance, das Telefonat stilvoll und höflich zu beenden.

Oft merkt man auch, dass ein Anrufer gar nicht auf die Sekretärin vorbereitet ist und ins Stottern gerät. Hier kann man mit freundlichem Nachfragen versuchen, sein Anliegen herauszufinden.

Teamfähigkeit
»Einer für alle, alle für einen!«

Die Zeiten, in denen die Chefsekretärin als Einzelkämpferin im Unternehmen unterwegs war und sich alle anderen ihrem Diktat zu beugen hatten, sind lange vorbei. Teamfähigkeit wird in allen Unternehmen großgeschrieben – auch im Vorzimmer der Vorstände und Entscheider. Teamorientierung ist eine Schlüsselqualifikation, die inzwischen fast überall eingefordert wird. Dabei sollten Höflichkeit und Rücksichtnahme die obersten Gebote sein.

Wie bei einem guten Fußballspiel ist das Ergebnis effektiver Teamarbeit mehr wert als die Einzelleistung – alle ziehen an einem Strang. In diesem Fall liegt der Erfolg in der Zusammenarbeit und dem erfolgreichen Zusammenspiel zwischen Chefsekretariat und den Fachabteilungen. Nutzen Sie Ihre Position, um ein gutes Team zu entwickeln. Nur so tragen Sie letztlich zum Erfolg des Unternehmens und zum konfliktfreien Ablauf Ihres Arbeitsalltags bei.

Denn nur im Team, in dem jeder Einzelne eigene wertvolle Qualitäten mitbringt, ist man stark und effizient. Darüber hinaus wird das Wir-Gefühl im Unternehmen gefördert. Das Betriebsklima und die Arbeitsatmosphäre sind für die meisten Mitarbeiter ein entscheidender Motivationsfaktor. Hinzu kommt, dass oft auch ungeahnte Kreativität bei den Mitarbeitern freigesetzt wird.

Man muss sich allerdings – wie bei einer erfolgreichen Fußballmannschaft – auch erstmal aufeinander einspielen: Wer bringt welche Stärken, Schwächen und Fähigkeiten mit? Wie sind die verschiedenen Charaktere? Wie wird mit Kritik umgegangen? Gibt es hierarchisches Denken oder emotionale Ausbrüche?

Steht beispielsweise die Organisation einer großen Veranstaltung vor der Tür, kann es durchaus mit zu Ihren Aufgaben gehören, ein Team zu bilden, in dem jeder einen anderen Verantwortungsbereich hat. So können zum Beispiel die Aufgaben wie Verhandlungen mit dem Cateringunternehmen, Hotelbuchungen, Ankunftsdaten der Gäste ermitteln, Einladungen und Präsentationen erstellen, Überwachung der Technik, Shuttleservice, Dekoration etc. auf einzelne Kollegen übertragen werden. Hier ist Ihr Kommunikations- und Verhandlungsgeschick gefragt.

Durch die unterschiedlichen Sichtweisen im Team kann es auch zu Auseinandersetzungen kommen. Wichtig ist jedoch, diese als Herausforderungen zu sehen und sie konstruktiv zu lösen. Es ist wichtig, dass jeder Kollege weiß, dass er für das Unternehmen von Bedeutung ist und seine Aufgabe gewissenhaft zu erfüllen hat.

Team kann aber auch bedeuten: Toll, ein anderer macht's! Hier sollten Sie aufpassen, dass Sie sich nicht ausnutzen lassen. Die Aufgaben sollten klar definiert und verteilt sein. Nicht, dass am Ende doch wieder alles auf Sie zurückfällt. Gemeinsamkeit lautet die Devise, denn alle schießen auf dasselbe Tor. Problemstellungen sollten gleich sachlich, offen und konstruktiv diskutiert werden, damit die Stimmung nicht darunter leidet und dadurch die Arbeit behindert wird.

Erstellen Sie am besten eine Aufgaben- oder Checkliste mit den Namen der Kollegen und der jeweiligen Aufgabe. Somit wächst auch das Problemverständnis der Beteiligten, wenn sie genau ihre Ziele und Verantwortungen kennen.

In manchen Unternehmen existieren unter den Kolleginnen sogenannte Sekretärinnenzirkel. Sinn dieser regelmäßigen Zusammenkünfte ist es, Informationen auszutauschen und so zu Verbesserungen im innerbetrieblichen Bereich beizutragen, wie etwa durch Festlegung eines einheitlichen Korrespondenzstils, effektivere Kommunikation, Vorschläge für Weiterbildungen, Anlegen verschiedener Checklisten oder effektive Nutzung der Synergien zwischen den einzelnen Sekretariaten.

Man könnte sich beispielsweise turnusmäßig alle sechs Wochen – falls notwendig auch früher – treffen, wenn es die Zeit erlaubt. Genauso gut könnten diese Treffen auch nach Feierabend stattfinden, wenn das die Zustimmung aller findet. Wichtig ist, dass es eine Ansprechpartnerin gibt, die die Organisation übernimmt. Ein Treffen kann auch außerplanmäßig nach einer großen Veranstaltung stattfinden, um Feedback und Verbesserungsvorschläge auszutauschen. Zusätzlich wächst der Teamgedanke, das Wir-Gefühl wird gestärkt und der Informationsfluss zwischen den Sekretariaten verbessert.

Existieren beispielsweise Spannungen unter Kolleginnen, können sie durch eine Aussprache in diesem Rahmen abgebaut werden. Diese Treffen erleichtern den Arbeitsalltag und fördern effektiv die Zusammenarbeit. Voraussetzung ist dabei selbstverständlich für alle die Verschwiegenheit.

Wichtig ist auch, dass Sie eine gute Vertreterin aus dem Team für Ihre Abwesenheit finden. Tauschen Sie daher regelmäßig wichtige Informationen mit ihr aus, damit Sie beide immer auf dem neuesten Stand sind. Umso unbeschwerter können Sie dann in den Urlaub fahren.

Kreativität und Spontaneität

Wie überall im Berufsalltag kommen auch auf Sie Situationen zu, die ein rasches Handeln und Ideenreichtum erfordern. Das Dumme ist nur, wenn Sie oder auch Ihr Chef etwas versäumt haben, ist von Ihnen ein hohes Maß an Kreativität, Beherrschtheit und Schnelligkeit gefragt. Sie sind die rechte Hand des Chefs – und wenn hier etwas schiefgeht, geht gleich mal kurz die Welt unter. Ungerecht? Willkommen in Ihrem Berufsalltag. Sie warten nicht, bis Sie eine konkrete Arbeitsanweisung erhalten, sondern reagieren eigeninitiativ.

Mir fällt zu diesem Stichwort immer folgendes Beispiel ein: Mein Chef war schon auf dem Weg zum Flughafen, als ich mit Schrecken bemerkte, dass er(!) seine kompletten Besprechungsunterlagen auf seinem Schreibtisch vergessen hatte. Jetzt hieß es spontan und kreativ sein. Ich lief auf die Straße, hielt den erstbesten Taxifahrer an, erklärte ihm die brenzlige Situation und ließ mir seine Handynummer geben. Während er losfuhr, vereinbarte ich mit meinem Chef per Handy einen Treffpunkt mit dem Taxifahrer am Flughafen. Es ging noch mal alles gut. Hervorzuheben sind allerdings hierbei die rasanten Überholmanöver des Taxifahrers in der Berliner Innenstadt! Er hatte sich sein Trinkgeld redlich verdient.

Man muss gut improvisieren können und dabei ist es Ihnen natürlich durchaus erlaubt, Ihren weiblichen (oder männlichen) Charme bis zu einem gewissen Grad einzusetzen.

Oder nehmen wir als ein anderes Beispiel den Chef, dem auf seiner Hochzeitsreise bei der Sightseeingtour in Paris auf dem Vesparoller in letzter Minute einfällt, dass er ja für diese Nacht bei der ganzen Hektik noch gar keine Übernachtungsmöglichkeit für sich und seine frisch Angetraute organisiert hat – ein Anruf von ihm und Sie müssen aktiv werden, ganz egal, was es letztendlich auch kosten mag!

Ihr Motto sollte lauten: »Geht nicht, gibt's nicht!« oder frei nach Albert Einstein: »Phantasie ist wichtiger als Wissen«.

Flexibilität und Belastbarkeit

Wenn Sie glauben, Sie hätten einen Nine-to-five-Job mit regelmäßigen Arbeitszeiten – vergessen Sie es gleich wieder. Eigentlich müssten und sollten Sie immer im Büro sein. Da aber auch Sie, wie jeder andere Mensch, zumindest einmal am Tag essen, schlafen und seinen eigenen Bedürfnissen nachgehen sollten, müssen Sie zwangsläufig irgendwann Ihr Büro verlassen. Die Frage ist nur – wann? Wenn es nach Ihrem Chef ginge, sollten Sie bitte vor ihm das Büro aufschließen, den Kaffee aufsetzen, alle notwendigen Unterlagen vorbereiten und ihn danach mit einem gut gelaunten Lächeln begrüßen. Und zum Abend hin bitte unbegrenzt Zeit einplanen – bis auch Ihr Chef dann das Büro verlässt.

Okay, Sie haben es selber bemerkt – so läuft es natürlich nicht, jedenfalls nicht immer. Aber tatsächlich müssen Sie Ihre private Zeitplanung von den Terminen im Büro abhängig machen. Wenn am Abend noch ein wichtiger

Termin ansteht, sollten Sie nicht gerade an diesem Tag frühzeitig das Büro verlassen. Dies gilt besonders vor wichtigen Sitzungen, bei denen schon absehbar ist, dass es später werden wird als üblich.

Machen Sie sich damit vertraut, dass auch außer der Reihe späte Termine vorkommen, oder dass der Chef Sie zurückruft, wenn Sie am Feierabend schon vor der Aufzugstür stehen, weil ihm noch ein wichtiges Telefonat eingefallen ist. Also heißt es den Mantel wieder ausziehen und den PC hochfahren.

Im besten Fall wird sich Ihr Einsatz in Ihrer Gehaltsentwicklung widerspiegeln. Wenn nicht, ist es an der Zeit, mit Ihrem Vorgesetzten ein Gespräch zu führen.

Um dieser Belastung auf Dauer gewachsen zu sein, ist es wichtig, einen Ausgleich für sich zu finden, um seine Energien wieder aufzutanken. Hier gibt es mehrere Möglichkeiten:

- sportliche Aktivitäten
- Meditation
- Yoga
- Familie
- Partner
- Wellnesswochenende
- Konzert- oder Theaterbesuch
- lesen
- …

Nehmen Sie sich Zeit für Ihre Hobbys und versuchen Sie, Ihre »Work-Life-Balance« zu finden. Ansonsten stößt man schnell an seine Grenzen, fühlt sich ausgebrannt und das nützt letztendlich niemandem. Wer auf Dauer nur noch Arbeit kennt, muss irgendwann feststellen, dass der Akku leer ist.

Langfristig kann man nur leistungsfähig sein, wenn eine gesunde Balance zwischen den vier Lebensbereichen Beruf, Beziehung/Familie, Gesundheit und Persönlichkeit/Sinn herrscht. Was muss ich tun, um die Balance zu halten? Was ist mir dafür wirklich wichtig? In einem anspruchsvollen Beruf kann man leicht zum »gehetzten Huhn« werden, weil alles nur noch schnell, schnell, schnell gehen muss und am besten vorgestern erledigt sein sollte.

Empfehlenswert ist es auch, regelmäßig Arbeits- und Mittagspausen zu machen, um einfach mal abzuschalten, frische Luft zu schnappen und an etwas anderes zu denken. Danach ist das Arbeiten effektiver und manchmal fällt einem sogar für ein Problem die passende Lösung ein, nach der man so lange gesucht hat.

In diesem Zusammenhang ist der nächste Punkt ebenfalls wichtig:

Grenzen setzen – Nein sagen lernen

Wenn das Wörtchen »nein« nicht wär! Frauen neigen dazu, sich durch Hilfsbereitschaft beliebt zu machen. Sie sind meistens zur Harmonie und Anpassung erzogen worden und haben es selten gelernt, sich durchzusetzen. Die meisten Sekretärinnen geben an, dass ihnen das Neinsagen in ihrem Berufsalltag am schwersten fällt. Dies führt oft zu einem inneren Konflikt.

Doch wie weit sollte die Abgrenzung gehen? Wenn man nicht aufpasst und sich rechtzeitig abgrenzt, lädt man dazu ein, ausgenutzt zu werden, und das Einzige, worüber Sie sich am Ende ärgern, sind Sie selbst.

Sie müssen nicht zu allem »Ja und Amen« sagen. Im Gegenteil: Sie sollten rechtzeitig lernen, Grenzen zu setzen, denn Sie sind nicht für alles zuständig. Als Diplomatin, die Sie sind, werden Sie es lernen müssen, freundlich im Ton, aber bestimmt in der Sache Ihre Grenzen zu formulieren.

Dazu gehört auch, dass Sie sich nicht von Ihren Kollegen »überreden« lassen, auf Nebenschauplätzen zu agieren. Lassen Sie sich doch darauf ein, besteht die Gefahr, dass Sie Ihre tägliche Arbeit nicht mehr schaffen, Ihre Energie für Ihre eigentlichen Aufgaben nicht ausreicht und Sie damit eine unnötige Angriffsfläche für Kritik seitens Ihres Chefs bieten.

Sie kennen diese Situation sicher auch: Eine bestimmter Kollege bittet Sie zum x-ten Male darum, ihm bei einer Präsentation zu helfen, und das natürlich zu einem Zeitpunkt, wo Sie selber viel um die Ohren haben. Das ganze »Weichspülprogramm« der Überredungs- und Manipulationskunst wird von ihm heruntergespult.

Um ihn nicht zu enttäuschen und aus Angst, sich bei ihm unbeliebt zu machen, willigen Sie aus tiefstem Verantwortungsbewusstsein immer wieder ein und übernehmen auch noch seine Aufgabe mit. Am Ende ärgern Sie sich über sich selbst, weil Sie jetzt noch mehr Arbeit haben und nicht frühzeitig Nein sagen konnten – die Harmoniefalle hat wieder zugeschnappt.

In diesem Fall ist es empfehlenswert, dem Kollegen freundlich aufzuzeigen, dass Sie momentan selbst viel Arbeit haben, die erledigt werden muss und daher vorgeht. Zu diesem Zeitpunkt lehnen Sie die Hilfe ab, könnten ihm aber vorschlagen, ihm gern später behilflich zu sein. Aber Vorsicht: Planen Sie immer Pufferzeiten ein, damit Sie sich selbst nicht zu sehr unter Druck setzen. Statt ihm zu sagen »In zwei Stunden kann ich Ihnen helfen« ist es sinnvoller, zu sagen »In ungefähr vier Stunden stehe ich Ihnen zur Verfügung«, denn es kommt im Sekretariat oft zu unvorhergesehenen Zwischenfällen. Sollten Sie es zeitlich doch eher schaffen, dann wirken Sie umso zuverlässiger.

Tipp

Stellen Sie sich die Frage, was schlimmstenfalls passieren würde, wenn Sie diese Bitte jetzt nicht erfüllen. Das entschärft den Druck, den man sich selbst macht.

Am besten wäre es, wenn es der Kollege erst einmal allein versucht oder jemand anderen um Hilfe bittet. Es ist ganz wichtig, dass Sie eine Grenze ziehen, sonst begeben Sie sich in einen Teufelskreis. Laden Sie sich nicht Aufgaben von anderen auf, die eigentlich nicht Ihre sind.

Dieses Verhalten zeigt den anderen Kollegen auch, dass Sie wissen, was Sie wollen und wo Sie Ihre Prioritäten setzen, für die Sie Verantwortung übernehmen. Das zeugt wiederum von Kompetenz und Professionalität.

Ein anderes Beispiel: Ihr Chef möchte kurz vor Feierabend noch unbedingt einen Brief rausschicken. Zu Hause warten währenddessen schon Ihre Gäste und Sie müssen noch schnell etwas im Geschäft besorgen.

Was tun?

In so einem Fall reicht es oft aus, freundlich nachzufragen, ob dieser Brief wirklich so dringend ist, dass er heute noch raus muss. Oder ob es reicht, wenn Sie ihn gleich morgen früh als Erstes schreiben. Dem Chef ist es nämlich manchmal gar nicht bewusst, dass Sie bereits Feierabend haben.

Machen Sie sich jedoch vertraut mit dem Anspruch Ihres Chefs, für ihn durchaus auch mal private Angelegenheiten zu organisieren. Nach der Erfahrung der meisten Profis in diesem Job gehört das zum Verständnis der meisten Chefs vom Arbeitsalltag »ihrer« Sekretärin. Für ihn ist das keine Herabsetzung Ihrer Leistungen oder Ihres Status, im Gegenteil: Es ist für ihn ein Zeichen von Vertrauen, wenn er Sie um die Erledigung privater Vorgänge bittet. Hier ist das Klischee vom Besorgen des Geschenkes für die Gattin zum Hochzeitstag tatsächlich Alltag. Einige Chefs haben sogar eine Privatsekretärin oder Personal Assistant, die eigens nur für seine privaten Anliegen zuständig ist.

Was allerdings wirklich zu weit geht, ist, wenn Sie zum Fußabtreter seiner Launen werden. Wenn Sie zum Beispiel angeschrien werden, wenn etwas nicht so läuft, wie es sich der Chef vorstellt, oder wenn Sie seine aufgrund irgendwelcher Wehwehchen vorhandene schlechte Laune ausbaden müssen. Das sollte nicht der Stil sein, wenn man respektvoll miteinander umgeht.

Ein Rat an dieser Stelle: Nehmen Sie Ihren Mut zusammen und setzen Sie sich in einer ruhigen und – ganz wichtig – in einer passenden Minute mit Ihrem Chef zusammen. Teilen Sie sich ihm sachlich und ruhig mit (vermeiden Sie Tränen – das ist nicht angemessen) und bitten Sie ihn, zukünftig stärker auf sein Verhalten zu achten. Teilen Sie sich in Ich-Botschaften mit, indem Sie Ihre Gefühle schildern (»Ich habe das Gefühl/Eindruck, dass …« oder »Mir würde es sehr helfen, wenn Sie …«). Vermeiden Sie auf jeden Fall direkte Kritik. Agieren Sie nicht aus einer emotionalen Situation heraus. Manchmal ist es wirklich besser, eine Nacht darüber zu schlafen. Bekanntlich haben sich am nächsten Tag die Emotionen etwas beruhigt und man sieht die Sache nicht mehr ganz so verbissen.

Eine andere Möglichkeit ist es, die Problemsituation aus der Vogelperspektive zu betrachten. Das hat den Vorteil, dass man nicht mehr mitten im Geschehen steht, sondern Distanz wahrt und somit nicht mehr so emotional berührt ist.

Sie werden sehen – Sie fühlen sich nach der Aussprache besser und Ihr Chef ist vielleicht insgeheim sogar froh, dass Sie ihn so diplomatisch auf seine Schwächen hingewiesen haben, die ihm selbst nicht bewusst waren.

Tatsächlich ist der Grad der Einsicht natürlich typabhängig. Wird das Gespräch nicht ernst genommen, wissen Sie auch, woran Sie sind. Dann liegt es an Ihnen, über die Situation nachzudenken, nach dem Motto: Change it, love it or leave it. Man muss am Ende ganz allein für sich selbst entscheiden, ob man unter gewissen Umständen das Arbeitsverhältnis noch aufrechterhalten will.

Fest steht jedoch, dass man nur selten die anderen Menschen ändern kann, sondern am Ende nur seine eigene Sichtweise und Einstellung zu ihnen. Finden Sie heraus, was notwendig wäre, damit Sie sich wieder wohler fühlen. Kann man ggf. auch externe Umstände ändern, wie zum Beispiel den Arbeitsbereich, oder wäre der Wechsel in ein anderes Büro sinnvoll? Manchmal ist es auch nur die Veränderung von Kleinigkeiten, die Ihnen wieder neue Motivation geben kann, z. B. eine neue Pflanze im Büro oder das Aufhängen eines schönen Bildes. Denken Sie darüber nach, wie Sie die Routine ändern und Pläne in Taten verwandeln können. Versuchen Sie auch mal, Ihre Kollegen besser kennenzulernen, indem Sie mit Ihnen in die Mittagspause gehen oder nach Büroschluss noch gemeinsam etwas unternehmen.

Souveränes und gepflegtes Auftreten

Keine Frage: Zu Ihrem Berufsalltag gehören gute Umgangsformen sowie die Beherrschung des sogenannten Businessknigge. Dazu zählt nicht zuletzt auch die korrekte Ausdrucksweise, wenn Sie beispielsweise Aufsichtsratsmitglieder oder hochrangige Persönlichkeiten betreuen. Wie reden Sie einen Grafen, Freiherrn oder den Bürgermeister an? Mehr darüber erfahren Sie im Kapitel »Von Knigge bis Brockhaus«.

Zum souveränen Auftritt zählt auch ein gepflegtes Erscheinungsbild. Die Untersuchungen von Prof. Ray Birdwhistell Anfang der Siebzigerjahre ergaben, dass die Wirkung nach außen 55 Prozent über den nonverbalen Ausdruck wie zum Beispiel Aussehen, Ausstrahlung und Auftreten läuft, zu etwa 38 Prozent über den verbalen Ausdruck, also Stimme, Dialekt, Lautstärke und Wortwahl und nur zu sieben Prozent über das gesprochene Wort. Man schätzt bereits einen Menschen ein, bevor man überhaupt ein Wort mit ihm gewechselt hat. Daher ist es wichtig, gleich am Anfang durch stilvolles, selbstbewusstes Auftreten und ein parkettsicheres Benehmen Ihre Kompetenz und Souveränität auszudrücken.

Die Kleidung sollte immer dem Rahmen und der Zielgruppe entsprechen. Das Wichtigste ist, dass Sie sich darin wohlfühlen. Es kommt natürlich maßgeblich darauf an, in welcher Branche Sie arbeiten. In Marketing- oder Werbeunternehmen geht es bekanntlich lockerer zu und man kann sich daher auch lässiger kleiden. In einer Bank, Anwaltskanzlei oder einem Versicherungsbüro ist hingegen konservativere Kleidung angemessen, wie zum Beispiel der klassische Hosenanzug oder das Kostüm. Machen Sie sich mit den entsprechenden Gegebenheiten im Unternehmen vertraut.

Humor und Gelassenheit

Haben Sie heute schon gelacht? Sie haben es inzwischen sicherlich schon geahnt: Neben all den Anforderungen, denen Sie gewachsen sein müssen, und den Erschwernissen, die Ihr Berufsalltag mit sich bringt, brauchen Sie als Grundstock zwei Dinge unbedingt: das Quäntchen Humor und eine »Elefantenhaut«!

Sensible Gemüter, die bei jedem falschen Wort oder bei Ruppigkeit an sich zweifeln und in sich zusammensinken, haben es schwer auf dieser Position. Denn oft ist die Sekretärin der Prellbock, der meistens den ersten Ärger des Chefs in geballter Form abbekommt. Nehmen Sie es gelassen – auch wenn das manchmal schwerfällt. Es hat in den meisten Fällen nichts mit Ihnen persönlich zu tun, er hat mal wieder einen schlechten Tag und es läuft nicht so, wie er es gern hätte. Man neigt dazu, sich schnell »den Schuh anzuziehen« und an seinen Fähigkeiten zu zweifeln. Dass der Chef auch private und berufliche Sorgen und Nöte hat, wird meistens ausgeblendet.

Wenn Sie von Natur aus ein heiteres Gemüt haben, wird es Ihnen leichter fallen, sich diesen Anforderungen zu stellen. Fröhlichkeit entlastet jeden, der viel zu tun hat. Viele Situationen können damit aufgelockert werden, wenn Sie beispielsweise wartende Gäste mit Charme und Gelassenheit über die Verspätung des Chefs hinwegtrösten oder die Laune Ihres Chefs verbessern, wenn er mal einen schlechten Tag hat.

Lachen tut gut und man braucht dafür bekanntlich weniger Muskeln als für ein grimmiges Gesicht! Versuchen Sie, gute Laune als einen Erfolgsfaktor zu sehen:

Lächeln Sie öfters – es lohnt sich!

Kommunikationsfähigkeit – bauen Sie die richtige Brücke

Mit wem müssen Sie nicht alles im Sekretariat kommunizieren! Die Palette geht durch alle Bereiche: vom Chef oder sogar mehreren Chefs über die Kollegen, Auszubildende, die Ehefrau, den Steuerberater, die externen Kunden, Besucher, Anrufer, Servicepersonal, Journalisten, Manager, externe Dienstleister bis hin zu hochrangigen Persönlichkeiten. Sie sind die Kommunikations- und Informationsschnittstelle im Sekretariat.

Dabei hat die Sekretärin stets verschiedene »Hüte« auf und verkörpert unterschiedliche Rollen: Pädagogin, Psychologin, Moderatorin, Vertraute, Organisatorin, Animateurin, Vorentscheiderin, »verlängerter Arm« des Chefs, Computerspezialistin, Personalmanagerin, Diplomatin, Blitzableiterin, »Punchingball«, Kopiertechnikerin und »Hieroglyphen-Entschlüsslerin«. Einige von ihnen könnten durchaus mit diesen Zusatzqualifikationen eine zweite Karriere starten.

Jede Rolle braucht eine andere Sprache. Bei der Kommunikation ist es sehr entscheidend, auf die unterschiedlichen Persönlichkeiten mit viel Fingerspitzengefühl richtig und effizient einzugehen. Denn meistens schallt es so aus dem Wald heraus, wie man hineinruft. Einige Kollegen verstehen zum Beispiel nur Anweisungen in einem bestimmten härteren Ton, bei anderen hingegen muss mal viel sensibler und weicher formulieren. Ebenso muss die Sekretärin Kommunikationskompetenz sowohl bei wortkargen als auch bei geschwätzigen Kollegen mitbringen. Das heißt, sie muss richtig verstehen, richtig verstanden werden, rechtzeitig informieren und ihre Meinung offen vertreten können, um mit den Kollegen auf einen Nenner zu kommen. Es ist wichtig, dass sie sich bei den Kollegen Respekt und Ansehen verschafft, um die Belange des Chefs effizient umzusetzen.

Viele Sekretärinnen sind der Meinung, dass die Erfahrung in all den Berufsjahren sie bestimmter im Ton gemacht hat, da sie sonst keine Chance hätten, sich durchzusetzen und ihren Standpunkt klar zu vertreten. Sie haben gemerkt, dass sie mit einer freundlichen und hilfsbereiten Art nicht immer weiterkommen. Daher kehren sie manchmal ganz bewusst den »Drachen« heraus.

Kommunikationsfähigkeit ist eine der wichtigsten Soft Skills im Büro, denn in ihr vereinen sich Verhandlungstechniken, rhetorische Fähigkeiten, Argumentations- und Fragetechniken, Gesprächsführung, Gestik und Mimik. In Ihrer Position stehen Sie oft zwischen den Fronten und müssen Ärger abfangen und Lösungen finden.

Kommunikationsquadrat

Nicht zu kommunizieren ist unmöglich. Kommunikation kann sowohl verbal als auch nonverbal sein und findet bei jedem sozialen Kontakt statt.

Bei einem Kommunikationsprozess sind immer mehrere Ebenen im Spiel – nämlich vier. Der Hamburger Psychologe Friedemann Schulz von Thun hat daher 1981 die vier Seiten einer Äußerung in einem Kommunikationsquadrat dargestellt.

Die Grafik stellt dar, dass jede Äußerung des Senders immer vier Botschaften gleichzeitig enthält:

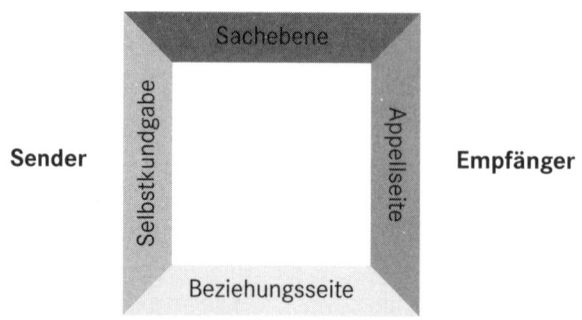

Kommunikationsquadrat von Schulz von Thun. Quelle: *www.schulz-von-thun.de.*

1. Eine Sachinformation (Worüber informiere ich?)

Da es hier um Daten, Fakten und Sachverhalte geht, ist es wichtig, dass der Sender sich klar und verständlich ausdrückt, damit diese Information korrekt beim Empfänger ankommt.

Ein Beispiel des Senders: »Frau Müller, ich brauche bitte die Unterlagen für den Geschäftsbericht bis morgen früh 10 Uhr.«

2. Eine Selbstkundgabe (Was gebe ich von mir zu erkennen?)

Bei jeder Mitteilung gibt man auch etwas von seinem persönlichen Befinden preis. Der Empfänger nimmt mit seinem »Selbstkundgabe-Ohr« auf, in welcher Stimmung sich der Sender befindet und was er für eine Ausstrahlung hat.

Ein Beispiel des Senders: »Seit heute morgen geht alles schief bei mir. Ich bin wohl heute früh mit dem verkehrten Bein aufgestanden.«

3. Einen Beziehungshinweis (Was halte ich von meinem Gegenüber und wie stehe ich zu ihm?)

Jede Kommunikation gibt auch einen Hinweis darüber, wie der Sender zu dem Empfänger steht. Wie behandelt er ihn? Freundlich oder eher unfreundlich? Was hält er von ihm und wie steht er ihm gegenüber? Dies erkennt der Empfänger bestenfalls gleich mit seinem »Beziehungs-Ohr« am Tonfall und an der entsprechenden Gestik und Mimik des Senders.

Ein Beispiel des Senders: »Bei Ihrer derzeitigen Zerstreutheit kann ich wohl nicht davon ausgehen, dass Sie es schaffen, die Unterlagen bis morgen früh zusammenzustellen?«

4. Ein Appell (Was möchte ich erreichen?)

Auf der Appellebene möchte der Sender etwas beim Empfänger bewirken und Einfluss nehmen. Dies kann entweder durch offene oder durch verdeckte Kommunikation stattfinden. Der Empfänger hört mit seinem »Appell-Ohr«, was er zu tun hat.

Ein Beispiel: Der Chef sagt zu seiner Sekretärin: »Frau Müller, ich habe gerade gemerkt, dass ja gar kein Kaffee mehr in der Kanne ist …«

Jetzt kommt es auf den Empfänger an, mit welchem seiner vier Ohren er diese Nachricht wahrnimmt. Hört er wirklich die Daten und Fakten, die der Sender ihm auf der Sachebene mitgeteilt hat, oder ist vielmehr sein Beziehungs-Ohr aufgestellt?

Sagt der Chef zum Beispiel zu seiner Sekretärin »Ich brauche die Präsentation in 30 Minuten«, würde diese, die heute eher auf ihrem Beziehungs-Ohr hört, interpretieren »Der ist aber heute schlecht gelaunt, das kann er mir doch auch netter sagen«. Dem Chef hingegen geht es vielmehr um die reine Information, nämlich dass die Angelegenheit in 30 Minuten für ihn erledigt sein muss. Hier wurde nicht empfängerorientiert kommuniziert. Besser wäre es gewesen, wenn er sein Anliegen gleich ein wenig empathischer formuliert hätte: »Frau Müller, ich weiss, dass Sie momentan viel zu tun haben, aber könnten Sie mir bitte den Gefallen tun und die Präsentation in einer halben Stunde fertig stellen? Vielen Dank!«.

Ein weiteres typisches Missverständnis illustriert folgende Situation: Ein Mann sitzt auf dem Beifahrersitz und sagt zu seiner Frau: »Vorsicht, die Ampel da vorne ist rot.« Diese Botschaft könnte die Frau als nüchternen Sachverhalt deuten, was aber meistens nicht der Fall ist. Sie könnte aus ihr den Appell heraushören, langsamer zu fahren bzw. zu bremsen. Sie könnte aber auch mitfühlend heraushören, dass ihr Mann Angst hat. Am Ende wird sie nachdenklich, weil sie dem Satz entnimmt, dass ihr Mann glaubt, sie bevormunden zu müssen.

Wie wir sehen, kann es in der Kommunikation sehr schnell zu Missverständnissen kommen. Daher ist die Fähigkeit, klar zu kommunizieren, sehr wichtig. Manchmal genügt auch nur eine kurze Nachfrage, wenn man sich nicht sicher ist, ob man die Nachricht richtig verstanden hat. Das ist besser, als im Vorfeld Vermutungen anzustellen.

Viele Konflikte rühren nur aus diesen Missverständnissen her. Daher ist es sowohl für den Sender als auch für den Empfänger wichtig darauf zu achten, dass sich beide auf der richtigen Kommunikationsebene befinden. Falls

Sie sich nicht sicher sind, stellen Sie detaillierte Fragen, denn: »Wer fragt, der führt«.

Geheimcode Körpersprache

Gestik und Mimik gehören ebenfalls zur Kommunikation. Sie entscheiden darüber, wie eine Nachricht aufgenommen wird, denn der Gesprächspartner beobachtet Sie oftmals sehr aufmerksam und kann dadurch zwischen den Zeilen lesen. Oft werden diese Mitteilungen durch die Körpersprache unterschätzt.

Stehen Sie eher stocksteif mit einem strengen Gesichtsausdruck in der Tür oder lächelnd und locker? Lachen Ihre Augen mit, wenn Sie sich freuen, oder ist es eher ein aufgesetztes Lächeln?

Für die Kommunikation ist es wichtig, von Beginn an eine angenehme Gesprächsatmosphäre herzustellen und sympathisch zu wirken.

Tipps für eine erfolgreiche Kommunikation:

1. Sorgen Sie dafür, dass Ihre Mimik Freundlichkeit und Offenheit signalisiert.
2. Halten Sie angemessenen Blickkontakt zu Ihrem Gesprächspartner.
3. Sehen Sie Ihren Gesprächspartner als gleichberechtigt an.
4. Lächeln Sie, aber bitte kein Dauergrinsen.
5. Bemühen Sie sich, locker und entspannt zu kommunizieren, andernfalls wirken Sie distanziert und überheblich.
6. Vermeiden Sie hektische Bewegungen.
7. Benutzen Sie Ihre Hände und Arme, um Ihre Aussage zu unterstreichen.
8. Zeigen Sie nicht mit dem Finger auf Ihren Gesprächspartner.
9. Stehen Sie aufrecht, sicher und fest.
10. Stecken Sie nicht Ihre Hände in die Hosentaschen, das wirkt unhöflich und überheblich.

Am Telefon

»Was kann ich für Sie tun?«

Ein ganz wichtiges Kommunikationsmittel ist in Ihrem Arbeitsbereich das Telefon. Es ist ausschlaggebend, wie Sie hier wirken. Denn was verbindet Sie mit dem Anrufer, der Sie nicht sehen, sondern nur hören kann? Es ist ausschließlich Ihre Stimme. Daher ist eine sympathische und wohlklingende Stimme für den ersten Eindruck von großer Bedeutung, denn sie spiegelt Ihre Emotionen wider. Man kann sie trainieren, indem man beispielsweise einen Text in verschiedenen Geschwindigkeiten, Tonlagen und Sprechweisen vorliest.

Auch der Gesichtsausdruck ist wichtig: Lächeln Sie am Telefon und hören Sie interessiert zu. Bekanntlich entscheidet die Stimme mehr über die Glaubwürdigkeit des Sprechers als der Inhalt des Gesprächs. Der Anrufer hat gleich das Gefühl, bei Ihnen gut aufgehoben zu sein, wenn Sie eine sympathische Stimme haben. Schließlich sind Sie meistens die erste Anlaufstelle und somit die Visitenkarte des Hauses. Seien Sie sich dieser Verantwortung bewusst. Zudem ist es, auch wenn Sie gerade sehr mit anderen Dingen beschäftigt sind, wichtig, das Telefon spätestens nach dem dritten Klingeln abzunehmen. Da Sie Kunden für sich gewinnen möchten bzw. von Ihrem Haus einen guten Eindruck vermitteln wollen, bemühen Sie sich, freundlich und hilfsbereit zu sein, selbst wenn der Anruf gerade unpassend ist. Eine positive Einstellung ist daher von großer Wichtigkeit.

Achten Sie auch darauf, dass Ihr Begrüßungssatz am Telefon nicht zu lang ist und Sie nicht zu schnell und undeutlich sprechen, damit Ihr Name gleich verständlich ist. Der Dialekt sollte dabei ebenfalls nur »gut dosiert« eingesetzt werden.

Die übliche Reihenfolge bei der Begrüßung lautet: Firmenname, eigener Name und der Tagesgruß (»Versicherungsbüro Baumann, Sabine Müller, guten Tag«). Somit weiß der Anrufer gleich, ob er bei der richtigen Firma gelandet und mit dem richtigen Ansprechpartner verbunden ist.

Bemühen Sie sich, den Namen des Anrufers gleich zu verstehen bzw. gleich nachzufragen, wenn Sie ihn akustisch nicht sofort verstanden haben (»Entschuldigung, könnten Sie mir bitte noch einmal Ihren Namen nennen, ich habe ihn akustisch nicht verstanden …« oder »Habe ich Ihren Namen, Herr XY, richtig verstanden?«), denn nichts ist unangenehmer, als am Ende des Gesprächs noch einmal nach dem Namen des Anrufers fragen zu müssen. (»Wie war Ihr Name denn gleich noch mal?«). Gleichzeitig merkt der Anrufer auch, dass Sie sich die Mühe geben, ihn richtig zu verstehen, und dass er Ihnen wichtig ist.

Falls Ihnen der Anrufer bekannt ist, wirkt es gleich viel freundlicher, wenn Sie ihn sofort mit seinem Namen ansprechen (»Guten Tag, Herr Mayer, was kann ich für Sie tun?«). Telefonate eignen sich gut zur gleichzeitigen Datenpflege, indem man nach noch fehlenden Informationen wie E-Mail-Adresse oder der neuen Firmenanschrift fragt.

Wichtig ist es auch, den Anrufer gleich richtig weiterzuverbinden und nicht zu lange in der Warteschleife hängen zu lassen. Am besten versichert man sich zuerst, ob die Person, zu der man weiterverbindet, überhaupt der richtige Kontakt ist, damit der Anrufer das am Ende nicht selbst herausfinden muss. Formulieren Sie positiv und zeigen Sie dem Anrufer, was Sie für ihn tun können, anstatt zu sagen, was gerade nicht geht (»Darf ich Sie an den richtigen Ansprechpartner, Herrn XY, weiterleiten?«). Falls derjenige gerade nicht zu erreichen ist, geben Sie seine Durchwahl weiter oder fragen nach, ob Sie etwas ausrichten können. Fragen Sie auch immer nach dem Grund des Anrufes und lassen Sie sich ein Stichwort geben.

Da das Telefonieren mit zu den größten Zeitfressern im Büroalltag gehört, sollten einige Punkte zur effektiven Durchführung von Telefonaten beachtet werden:

1. Fragen Sie sich, ob Sie den Gesprächspartner überhaupt anrufen müssen oder ob ein Brief, eine E-Mail oder ein Fax ausreicht.
2. Bereiten Sie das Telefonat möglichst gut vor und machen Sie sich gleich Notizen, legen Sie sich erforderliche Unterlagen zurecht. Die Nachbereitung und das Festhalten des Ergebnisses des Telefonats sind ebenfalls wichtig.
3. Stellen Sie sicher, dass Sie während eines schwierigen Telefonats nicht gestört werden. Suchen Sie sich sonst besser einen ruhigen Platz.
4. Buchstabieren Sie Namen oder schwierige Wörter mithilfe des Buchstabieralphabets. Das erleichtert die Verständigung.
5. Signalisieren Sie Ihre Aufmerksamkeit durch gelegentliche akustische Zustimmungen wie »ja, ich verstehe«, »aha«, »mhm«.
6. Achten Sie darauf, dass keine Geräusche wie Musik, Drucker, andere Telefone, Gelächter im Hintergrund stören.
7. Wiederholen Sie am Gesprächsende die wichtigsten Aussagen, damit Missverständnisse vermieden werden. Bleiben Sie bis zum Schluss freundlich und verabschieden den Anrufer mit seinem Namen.
8. Bündeln Sie zu tätigende Telefonate und reservieren Sie sich hierfür eine bestimmte Zeit ein.

Rückrufe Ihrerseits sollten ebenfalls professionell vorbereitet sein, indem Sie den Namen, die entsprechende Telefonnummer sowie den Zeitraum für den Rückruf notieren (»In welchem Zeitraum darf ich Sie zurückrufen?« oder »Wann sind Sie am besten zu erreichen?«). Diese Informationen können mithilfe eines Telefonnotizblockes festgehalten werden.

Die günstigste Zeit zum Telefonieren ist meistens morgens zwischen 8 und 10 Uhr, da Besprechungen normalerweise noch nicht begonnen haben. Freitags sollte man nicht zu spät anrufen, da viele Unternehmen früher Feierabend machen.

Tragen Sie den vereinbarten Telefontermin in Ihren Kalender ein, um unnötiges Hinterhertelefonieren zu vermeiden. Stellen Sie sicher, dass Sie während des Telefonats nicht schlecht gelaunt sind, denn das kann sich negativ auf die Gesprächsatmosphäre auswirken. Ihr Gegenüber merkt meist sehr schnell, ob Sie lächeln oder unkonzentriert hin- und herlaufen. Versuchen Sie, bei einem komplexen Sachverhalt in kurzen klaren Sätzen zu sprechen, damit Ihr Gesprächspartner gut folgen kann und nicht gleich die Lust am Zuhören verliert. Dafür sollten Sie sich vorher einen Gesprächsleitfaden erstellen und die wichtigsten Informationen bereithalten. Setzen Sie sich auch im Vorfeld gezielt mit möglichen Schwierigkeiten oder Gegenargumenten eines Kunden auseinander, damit es Ihnen nicht plötzlich »die Sprache verschlägt«. Stehen Sie auf beim Telefonieren. Dadurch fühlen Sie sich gleich selbstsicherer, was sich in Ihrer Stimme bemerkbar macht.

Falls Sie nicht zu erreichen sind, sollte Ihr Anrufbeantworter die wichtigsten Informationen übermitteln: Firmenname, Ihren Namen, Tagesgruß und die Zeit, wann Sie wieder erreichbar sind. Die Ansage sollte deutlich aufgenommen und nicht allzu lang sein. Bei dringenden Angelegenheiten nennen Sie einen Vertreter mit Telefonnummer.

Fachliche Kompetenzen

Kommen wir nun zum zweiten wichtigen Kompetenzbereich im Sekretariat: den fachlichen Fähigkeiten und Fertigkeiten, auch Hard Skills genannt. Im Gegensatz zu den Soft Skills sind diese Qualifikationen durchaus überprüf- und messbar.

Zu ihnen zählen u. a. folgende Fähigkeiten:

1. Fachwissen
2. Kenntnisse in allen Fragen der Sekretariatsorganisation
3. Kenntnis des Unternehmens (Ziele, Strategien, Leitlinien, Stellung im Markt)
4. unternehmerisches Denken
5. kaufmännisches Verständnis
6. versierter Umgang mit moderner Bürotechnik (MS-Office)
7. Sprachkenntnisse (in Wort und Schrift)
8. betriebswirtschaftliche Grundkenntnisse
9. Arbeitstechnik, zum Beispiel Protokollführung
10. Leitung eines Sekretariats
11. Organisationstalent
12. Zeit- und Selbstmanagement
13. Mitarbeiterbetreuung

Schauen wir uns einige Qualifikationen einmal genauer an:

Fachwissen

Fachwissen ist natürlich das A und O Ihres Berufes: Sie müssen wissen, worüber Sie sprechen. Machen Sie sich zunächst mit der Struktur des Unternehmens vertraut – Organigramme bieten hier eine große Hilfe, um einen ersten Überblick über den Aufbau des Unternehmens zu erhalten.

Fehlen Ihnen Informationen, sollten Sie folgende Fragen stellen: Welche Abteilung ist wofür verantwortlich, wer ist der Ansprechpartner in den jeweiligen Abteilungen, wer ist Ihr persönlicher Ansprechpartner? In den meisten Fällen ist das in erster Linie das Sekretariat der Abteilung. Welche Abteilungen arbeiten eng zusammen? Wie sieht das interne Netz aus? Wer liefert Ihnen verlässliche Daten und wer wird vom Chef geschätzt? Welche turnusmäßigen Sitzungen wie zum Beispiel Aufsichtsratssitzungen, Hauptversammlungen, Vorstands- und Finanzsitzungen, Lenkungsausschüsse, Mitarbeiterbesprechungen, Betriebsversammlungen etc. stehen an? Wie heißen die jeweiligen Mitglieder und die Vorsitzenden?

Stellen Sie sich einmal vor, eine wichtige Person ruft in Ihrem Sekretariat an und Sie wissen nichts mit ihrem Namen anzufangen oder lassen sie womöglich noch in der Warteschleife mit nervenaufreibender Hintergrundmusik hängen? Das gilt es zu vermeiden. Besser ist es, gleich einen guten und kompetenten Eindruck zu hinterlassen. Geht es um den Vorsitzenden, ist er der Chef des Chefs und wenn er eine gute Meinung von Ihnen hat, ist das schon die halbe Miete, ganz nach dem Motto: Spricht der Vorsitzende gut von Ihnen, dann spricht der Chef noch besser von Ihnen!

Damit nicht genug: Es kann zum Beispiel auch vorkommen, dass ein Chef mal »eben« die Namen aller deutschen Ministerpräsidenten genannt bekommen möchte, wie es mir einmal bei einer morgendlichen Besprechung mit dem Chef passiert ist. Daher sollten Sie immer das entsprechende Fachwissen für Ihren Bereich parat haben, um kompetent reagieren zu können. Wie bereits erwähnt, ein »Crashkurs« in Politik kann Wunder bewirken.

An dieser Stelle ein Rat: Vernetzen Sie sich im Haus. Sie werden als Sekretärin zwar erleben, dass die Kollegen auch Ihre Nähe suchen, um im Zweifel durch Sie ein gutes Entree beim Chef zu haben. Trotzdem hilft auch Ihnen ein intaktes Netzwerk weiter, wenn Sie mal fachliche Fragen haben und Hilfe und Unterstützung brauchen.

Hilfreiche Kontakte sind auch die »guten Geister« des Hauses, die man nicht unterschätzen sollte. Sie haben neben ihrer sozialen Funktion auch eine gewisse Vertrauensposition – genau wie Sie. Dazu zählen zum einen der Fahrer des Chefs, der unwillkürlich auch Privates von ihm erfährt, da er in der Regel der Erste ist, der morgens den Chef zu Gesicht bekommt oder einige Stunden mit ihm im Auto verbringt.

Eine wichtige Rolle spielt auch die »Küchenfee«, die inoffizielle Geheimnisträgerin des Hauses, die Gerüchte schon kennt, bevor sie überhaupt entstanden sind. Ihre Unterstützung ist unersetzlich, wenn sich beispielsweise unerwartete Besucher anmelden und Sie dringend ihre Hilfe für die Bewirtung benötigen, da Sie gerade mitten in der Vorbereitung einer Präsentation stecken.

Dann haben wir noch die Empfangsdame oder den Pförtner des Hauses, die jedem Mitarbeiter morgens schon ihre Launen vom Gesicht ablesen können und bei denen viele wichtige Informationen zusammenkommen.

Sie sollten sie zu Ihren »Gefährten« machen. Denn gerade in Notfällen ist es hilfreich, wenn Sie auch auf ihre Unterstützung zählen können.

Kenntnis des Unternehmens

Sie haben die interne Struktur für sich entdeckt? Gut so, denn jetzt widmen Sie sich dem Unternehmen an sich: Womit beschäftigt es sich überhaupt, welche Produkte oder Dienstleistungen werden angeboten? Wie hoch ist die Mitarbeiterzahl? Wo sind welche Niederlassungen? Gibt es Auslandsbeziehungen? Wer sind die wichtigsten Geschäftspartner? Welche Gesprächsteilnehmer müssen Sie besonders oft für Ihren Chef kontaktieren? Machen Sie sich bekannt mit den jeweiligen Sekretariaten, denn hier sind oft gegenseitige Hilfestellung und Informationsaustausch gefragt.

Falls Sie neu in der Firma sind, halten Sie sich erst einmal mit Ihrer Meinung zurück. Beobachten Sie in Ruhe Ihre Kollegen und versuchen Sie herauszufinden, wer wirklich vertrauenswürdig ist oder wer am lautesten schreit, um sich wichtig zu machen. Nutzen Sie Gespräche in der Kaffeeküche, der Kantine oder im Aufzug, um Kontaktpflege und Networking zu betreiben.

Ein Fauxpas ist es, die neue Firma mit der alten zu vergleichen (»Da war ja alles anders oder sogar besser.«). Das macht keinen guten Eindruck. Halten Sie sich erst einmal die ersten drei Monate im Hintergrund, um sich Ihre eigene Meinung in Ruhe zu bilden.

Kaufmännisches Verständnis

Ein gewisses Maß an kaufmännischem Verständnis und Kenntnisse über betriebswirtschaftliche Zusammenhänge sind ebenfalls von Vorteil, um die Prozessabläufe im Unternehmen zu verstehen. Widmen Sie sich daher den Fragen: Wie sieht der Jahresabschluss, die Bilanz oder die Gewinn- und Verlustrechnung aus? Eine große Hilfe bietet dabei der Geschäftsbericht.

Das heißt natürlich nicht, dass Sie die Grundsätze ordnungsgemäßer Buchhaltung oder das Einkommensteuergesetz lückenlos beherrschen müssen. Vielmehr kommt es darauf an, dass Sie die kaufmännischen »Basics« Ihres Bereiches kennen bzw. sich mit ihnen vertraut machen.

Wenn zum Beispiel das Planen, Aufstellen und Kontrollieren des Kostenstellenbudgets der Abteilung zu Ihren Aufgaben gehören, müssen Sie ein Verständnis für die Ist-Zahlen (Woraus setzen sich die aktuellen Kosten zusammen?) und die Plan-Zahlen (Wie hoch sind die jeweiligen Kosten geplant?) haben. Wie hängen diese voneinander ab bzw. wie weichen sie voneinander ab? Müssen an einer Stelle (zum Beispiel beim Bestellen von Arbeitsmaterialien) Kosten eingespart werden, um die Planzahl zu erreichen?

Ebenso sollten Sie kaufmännisches Verständnis mitbringen, wenn Sie beispielsweise eine große externe Veranstaltung planen und dementsprechend Kostenvoranschläge für die Ausrichtung einholen. Auch hier ist es sinnvoll, die Angebote aus kaufmännischer Sicht vergleichen zu können und ggf. zu verhandeln.

Sie haben es hier mit einem wichtigen Verantwortungsbereich zu tun, durch den Sie maßgeblich zum Erfolg des Unternehmens beitragen können.

Fremdsprachenkenntnisse

Gleichgültig, in welcher Branche Sie arbeiten, Fremdsprachenkenntnisse zu besitzen ist immer von großem Vorteil. Die Beherrschung der englischen Sprache (wie es so schön heißt »in Wort und Schrift«) ist ein »nice to have« für jedes Unternehmen. Bei international agierenden Unternehmen ist sie als »must to have« unerlässlich.

Der Standard bei entsprechenden Stellenausschreibungen ist eigentlich schon die umfassende Kenntnis einer zweiten Fremdsprache, wie zum Beispiel Spanisch oder Französisch, auch Chinesisch ist auf dem Vormarsch.

Wie gesagt, die Notwendigkeit, eine Fremdsprache zu beherrschen, hängt natürlich immer von der Ausrichtung des Unternehmens ab.

Falls man seine erlernten Fremdsprachen im Unternehmen doch nicht tagtäglich anwenden kann, helfen fremdsprachige Lektüre, TV-Sender oder auch der Kontakt zu Muttersprachlern, um nicht aus der Übung zu kommen.

Ebenso sollten Sie selbstverständlich die neuesten Regeln der deutschen Rechtschreibung beherrschen. Das allein ist schon eine große Herausforderung.

Arbeitstechnik und EDV

Sie haben es schon gelesen: Der sichere Umgang mit Ihren Arbeitsmitteln ist natürlich keine Frage. Der PC sollte keine Bedrohung mehr darstellen. Sie beherrschen die Technik, mit der Sie tagtäglich in Ihrem Büro arbeiten, und können quasi blind mit allen notwendigen Computerprogrammen arbeiten, wie zum Beispiel Word, PowerPoint für Präsentationen, Excel für das Erstellen von Tabellen, Outlook oder Lotus Notes, mit speziellen Programmen wie SAP, Corel Draw etc. Auch der Umgang mit dem Internet sollte kein Problem sein.

Organisationstalent

»Fertig zum Diktat?« – das war einmal, denn eigenständiges Mit- und Vorausdenken ist gefragt. Konkret heißt das, den Blick für das Wesentliche zu behalten und nicht den Kopf zu verlieren – auch wenn noch so viele Terminänderungen und Prioritätenverschiebungen Ihnen das Leben schwer machen. Telefonieren, Notizen machen, eine Präsentation vorbereiten, mit dem Chef sprechen, einem Kollegen ein Zeichen geben, zuhören usw. Ihre Tätigkeit ist vergleichbar mit einem Oktopus, der mit jedem seiner Arme etwas anderes tut. Behalten Sie einen kühlen Kopf, wenn Absprachen, die am Morgen galten, am Abend null und nichtig sind. Das ist Ihr Alltag – eben Multitasking!

> **»Hinter einem organisierten Chef steht eine noch organisiertere Assistentin!«**
>
> Diesen Leitsatz sollten Sie sich merken, er stellt das Credo Ihres Berufsstandes dar.

Es gibt einige kleine Tricks und Empfehlungen, die es Ihnen erleichtern, diesen hohen Anspruch dauerhaft und effektiv umzusetzen:

Tagesplan

Was steht denn eigentlich den ganzen Tag an und wie bringe ich das alles unter einen Hut? Es ist eine Präsentation geplant, das Telefon klingelt im Minutentakt, ein Kollege kommt mit einem Anliegen auf Sie zu, die Ablage quillt über, die Gäste stehen schon vor der Tür und zu guter Letzt stürzt auch noch der PC ab.

Dies ist selbst laut Goethe eine große Herausforderung: »Gegenüber der Herausforderung, die Arbeit eines einzigen Tages sinnvoll zu ordnen, ist alles andere im Leben ein Kinderspiel.«

Mithilfe einer bestimmte Methode verwenden Sie nur wenige Minuten pro Tag dazu, einen effektiven schriftlichen Tagesplan zu erstellen, mit dem Sie erstmal einen Fahrplan für den Tag haben: Die sogenannte ALPEN-Methode nach Prof. Lothar J. Seiwert (vgl. Seiwert 2005). Diese ist sinnvoll, um in der Hektik des Arbeitsalltags zielgerichtet zu arbeiten und sich nicht mit Nebensächlichkeiten zu verzetteln.

Die fünf Elemente der ALPEN-Methode lauten:

1. **A: Alle Aufgaben aufschreiben.** Aufgaben, Aktivitäten und Termine werden in einen Tagesplan eingetragen. Dazu zählen auch belanglosere Aufgaben wie Telefonieren, Briefe, Faxe und E-Mails schreiben.
2. **L: Länge einschätzen.** Man schätzt die voraussichtlich benötigte Zeit für jede Aufgabe ein. Lieber etwas mehr als zu wenig einplanen.
3. **P: Pufferzeit.** Man sollte maximal 60 Prozent der täglichen Arbeitszeit verplanen. Der Rest ist für Unvorhergesehenes reserviert. Störungen kommen fast immer vor.
5. **E: Entscheidungen.** Durch Prioritätensetzen, Kürzen und Delegieren beschränken Sie den Umfang der Arbeiten. Bestimmen Sie selbst, was wichtig ist und heute noch unbedingt erledigt werden sollte.
5. **N: Nachkontrolle.** Am Ende des Tages erstellt man eine Statistik über die geplanten und tatsächlich erledigten Aufgaben. Unerledigtes wird auf den nächsten Tag übertragen.

Beispiel für einen Tagesplan:

TAGESPLAN   Datum:

Aufgabe	Priorität	Länge in Min.	Status

Schema für einen Tagesplan

So erhalten Sie einen transparenten Überblick über die aktuellen Aufgaben.

Ihr Chef sollte übrigens auch einen eigenen Tagesplan haben. Darauf stehen die aktuellen Termine mit Ort und Uhrzeit, Erinnerungen an anstehende Aufgaben und die wichtigsten zu erledigenden Telefonate. Somit hat er einen Überblick darüber, was ihm der Tag so alles beschert.

TAGESPLAN   Datum:

Uhrzeit	Termin	Ort

Erinnerungen/To Do:

1. _____

2. _____

3. _____

Wichtige Telefonate:

4. _____

5. _____

6. _____

7. _____

8. _____

Schema für einen Tagesplan für den Chef

Um einen ersten Überblick über die Wochenplanung zu erhalten, kann man sich die anfallenden Aufgaben mithilfe eines Wochenplanes aufteilen. So kann man abschätzen, ob das Wochenpensum realistisch zu bewältigen ist:

WOCHENPLAN   Woche:

Montag	Dienstag	Mittwoch	Donnerstag	Freitag
Aufgabe A				
Aufgabe B				
Aufgabe C				

Wochenplan

Immer wiederkehrende Aufgaben oder Termine wie zum Beispiel turnusmäßige Aufsichtsratssitzungen, Hauptversammlungen, Jahresabschlüsse, Betriebsversammlungen etc. kann man sich in einem Monats- oder Jahresplaner vormerken. So sind diese Termine fest blockiert und Sie können genügend Vorlaufzeit für die entsprechende Vorbereitung einplanen.

Wiedervorlage

Aufgaben oder Vorgänge, die nicht sofort behandelt werden müssen, sollten in einer Wiedervorlage zwischenabgelegt werden. Hierzu bieten sich mehrere Möglichkeiten:

Es gibt zum Beispiel den klassischen Pultordner, der mit den Laschen 1-31 ausgestattet ist. Für kleine Vorgänge ist dieser Ordner ganz sinnvoll. Handelt es sich jedoch um komplexere Unterlagen, werden die Fächer am

Ende zu klein sein und im schlimmsten Fall fallen die Unterlagen heraus. Außerdem nimmt diese Pultmappe erheblichen Platz auf dem Schreibtisch ein.

Eine Alternative hierzu bietet die Hängeregistratur mit Registern von 1 bis 31, die sich im Schrank oder im Rollcontainer befindet. Sie hat den Vorteil, dass hier größere Vorgänge abgelegt werden können. Da diese Mappen im Schrank verstaut sind, nehmen sie somit keinen Platz auf dem Schreibtisch ein. Für den jeweiligen Tag wird die Mappe mit den entsprechenden Wiedervorlage-Unterlagen nach vorne gehängt – so behält man den Überblick.

> **Tipp**
>
> Sollte ein Vorgang die Maße der Hängemappe sprengen, so reicht ein entsprechender Erinnerungszettel in dieser Mappe mit dem Hinweis auf den jeweiligen Ordner, in dem sich der gesamte Vorgang befindet.

Für Vorgänge, die noch nicht zugeordnet werden können und bei denen Sie noch nicht wissen, wann sie dem Chef wieder vorgelegt werden sollen, kann eine Mappe »Diverses« angelegt werden. Sie sollte ein Inhaltsverzeichnis mit den verschiedenen Vorgängen enthalten, das sichtbar vorne angebracht ist. Somit erspart man sich das ständige Durchblättern.

Die Wiedervorlage kann auch elektronisch organisiert werden. Alle Termine und Wiedervorlagen können per Erinnerungsfunktion mit dem Hinweis auf den entsprechenden Vorgang entweder in Outlook oder Lotus Notes eingerichtet werden.

Letztendlich muss jeder nach persönlicher Vorliebe entscheiden, mit welcher Wiedervorlagemethode er am liebsten arbeitet.

Wichtig ist es auch, dass der Chef über die Organisation der Wiedervorlage informiert ist, um sich – im Notfall – zurechtzufinden, wenn Sie mal nicht da sind.

Perfektes Terminieren

Jede Sekretärin kann ihr eigenes Lied davon singen. Die richtige Terminplanung ist ein ganz wichtiger Bestandteil der täglichen Arbeit im Sekretariat, aber bei Weitem nicht der einfachste. Wie viele Schwierigkeiten können dabei entstehen und in viele neue Fettnäpfchen kann man tappen?

Vereinbaren Sie jeden Termin grundsätzlich immer schriftlich und tragen Sie ihn sofort in Ihren Kalender ein. Es kann sonst passieren, dass vom falschen Tag, vom falschen Monat oder sogar vom falschen Ort ausgegangen wird und am Ende sich jeder Gesprächseilnehmer woanders befindet. Das darf nicht passieren. Lassen Sie sich am besten jeden Termin noch schriftlich von dem anderen Sekretariat bestätigen.

Eine Herausforderung ist es auch, wenn der Chef zwischendurch Termine auf Veranstaltungen oder Reisen selbst vereinbart und Ihnen anschließend nichts davon erzählt, so dass Sie diese Zeit in Ihrem Kalender nicht geblockt haben. Natürlich gehen Sie davon aus, dass diese Zeit zur Verfügung steht. Schnell kann es passieren, dass ein Termin doppelt vergeben wird.

Überzeugen Sie Ihren Chef davon, dass nur Sie Termine vergeben und dafür verantwortlich sind, ansonsten könnte es peinlich werden und die Außenwirkung würde darunter leiden. Letztendlich fällt der Fauxpas auf Sie zurück. Kleben Sie Ihrem Chef überall Erinnerungszettel hin, bis er diese Absprache verinnerlicht hat. Loben Sie ihn fleißig, wenn er sich daran gehalten hat.

Dank der heutigen Organizer wie Blackberrys oder Palm Pilots kann der Chef sogar selbst nachsehen, ob ein Zeitraum bereits verplant ist. Dann kann er vor Ort eine mündliche Zusage geben und Sie anschließend bitten, den Termin dem entsprechenden Sekretariat zu bestätigen. Daher sollte eine schnelle Synchronisation mit Ihrem elektronischen Kalender sichergestellt sein.

Planen Sie Pufferzeiten bei Terminen ein, gerade wenn Sie wissen, dass Ihr Chef gern einmal überzieht. Sollte er maßlos überziehen oder der Besucher kein Ende finden und somit Kollisionen mit dem nächsten Termin voraussehbar sein, gehen Sie in die Besprechung und sagen Sie hörbar, dass die nächsten Gäste bereits warten oder das Taxi zum Flughafen schon vor der Tür steht – nur das hilft.

Die Kunst ist es, so zu terminieren, dass immer noch genug Pufferzeiten eingebaut sind. Denn oft kommen unvorhersehbare Angelegenheiten dazwischen. Der Aufsichtsratsvorsitzende ruft zum Beispiel an und hat ein wichtiges Anliegen, das gleich erledigt werden muss, und schon kommt der gesamte Tagesplan durcheinander. Leider hat man keine große Kristallkugel auf dem Schreibtisch, um sehen zu können, wann solche Vorfälle passieren werden.

Falls Sie mit mehreren Teilnehmern einen Termin finden müssen, rufen Sie zunächst die wichtigste Person, anschließend die zweitwichtigste an usw. Man sollte nicht mehr als drei Alternativtermine vorgeben, ansonsten wird es schwer, eine Schnittmenge zu finden.

Achten Sie immer darauf, gleich einen geeigneten Raum für die Veranstaltung mitzubuchen.

Morgendliche Besprechung mit dem Chef

Wie oft sprechen Sie mit Ihrem Chef? Hier gilt: Reden ist Silber – Schweigen verboten! Das wichtigste Gespräch des Tages sollte die morgendliche Besprechung mit dem Chef sein.

Kommunikation ist für die reibungslose Zusammenarbeit äußerst wichtig, denn wer könnte den Chef besser entlasten als Sie?

Holen Sie sich frühzeitig Informationen von Ihrem Chef, damit Sie nicht den ganzen Vormittag auf der Stelle treten und Ihnen wertvolle Zeit verloren geht – selbst ist die Frau! Wenn Sie die richtigen Informationen nicht haben, kann es vorkommen, dass Sie die Dinge so erledigen, wie Sie es erstmal für richtig halten. Am Ende des Tages stellt sich jedoch heraus, dass alles anders gemeint und Ihre Mühe vergebens war – Überstunden und Frust sind vorprogrammiert. Das »Aneinander-Vorbeiarbeiten« hätte jedoch vermieden werden können, wenn man sich vorher die Zeit genommen hätte, miteinander zu sprechen.

Daher sollten Sie gleich zu Arbeitsbeginn gezielt folgende Punkte mit Ihrem Chef besprechen:

1. den aktuellen Tagesplan
2. Welche Tagesprioritäten hat Ihr Chef? Was ist für ihn heute wichtig und was muss heute unbedingt erledigt werden?
3. Terminänderungen, die angefallen sind
4. eigene Absprachen des Chefs mit seinen Mitarbeitern oder Kunden
5. Ist am Vorabend noch etwas angefallen, das Sie wissen müssen?
6. Feedback von Besprechungen, damit Sie gegebenenfalls weitere Schritte einleiten können
7. Besprechen Sie auch gleich die Rückfragen, die er an Sie hat
8. Vorbereitungen für den nächsten Tag
9. grobe Planung der nächsten Woche
10. Vor- und Nachbereitung von Sitzungen
11. Informationen über laufende Projekte oder Verhandlungen
12. Informationen über wichtige Aufgaben, die Sie gerade erledigen
13. wichtige Telefonate, die abgearbeitet werden müssen
14. allgemeine Anliegen von Ihnen oder Ihrem Chef
15. Fragen Sie nach, wenn Sie etwas nicht gleich verstanden haben oder unklare Anweisungen gegeben wurden:
    • Bis wann soll die Sache erledigt sein?
    • Wer soll involviert werden?
    • Was wird genau benötigt?
    • Wofür ist es gedacht?
    • In welcher Form soll es ausgearbeitet werden?
    • Ist schon jemand mit dem Vorgang vertraut?

Das zeigt Ihr Interesse an und Engagement in Ihrer Arbeit.

In der Praxis ist diese Besprechung an besonders hektischen Tagen nicht immer umsetzbar und es reißt dann wieder ein, sie nicht durchzuführen. Viele Sekretärinnen klagen auch darüber, dass ihr Chef dieses Gespräch als nicht notwendig erachtet, weil er meint, damit werde wertvolle Zeit vergeudet. Bleiben Sie aber hartnäckig und setzen Sie diese Besprechungen durch.

Geben Sie Ihrem Chef das Signal, dass es für die Organisation Ihres Alltags unerlässlich ist, sich regelmäßig mit ihm auszutauschen. Wenn Sie seine Prioritäten nicht kennen, wie sollen Sie seine Termine effektiv verwalten?

Ein Beispiel: Ihr Chef möchte von Berlin nach München reisen. Falls er sich noch nicht für ein Transportmittel entschieden hat, finden Sie für ihn im Vorfeld die verschiedenen Reisemöglichkeiten heraus:

1. Flug: passende Flug- und Transferzeiten zum Zielort
2. Zugreise: passenden Zug und eventuelle Umsteigemöglichkeiten
3. Mit dem Auto: entsprechende Route mit Zielort ausdrucken

Eine große Hilfe bietet hier eine Entscheidungsmatrix:

	A Flug	B Zug	C Auto
Verbindung	8.10-9.15 Uhr	8.57.-14.39 Uhr (nonstop)	s. Routenplan
Reisezeit	1,05 Std.	5,42 Std.	6,5 Stunden
Reisekosten			

Entscheidungsmatrix

Sollte Ihr Chef beispielsweise auf die Reisezeit sehr viel Wert legen, ist es sinnvoll, ihm diese für jede Transportmöglichkeit zu berechnen. Mit einer solchen Entscheidungsmatrix hat er gleich auf einen Blick alle relevanten Informationen und kann sich umgehend entscheiden.

Dies gilt im Übrigen auch, wenn Sie für mehrere Chefs gleichzeitig arbeiten. Hier müssen ebenfalls Prioritäten gesetzt werden. Bestehen beispielsweise beide Chefs auf die gleichzeitige Ausführung ihrer Arbeit, dann sollten Sie sie bitten, sich untereinander zu verständigen, um die Prioritäten abzustimmen, bevor Sie ständig zwischen den Stühlen stehen. Die Gefahr ist hier groß, dass schnell Unzufriedenheit aufkommt.

Sie können nur weiterarbeiten und Ihren Chef effektiv entlasten, wenn

Sie von ihm Informationen bekommen und somit Missverständnisse ausgeschlossen werden. Diese Argumentation wird jedem noch so zeitgeplagten Chef einleuchten und er wird sich diese Zeit gerne nehmen.

Als Vorschlag zur Güte könnten Sie ihm eine Probewoche mit morgendlicher Besprechung vorschlagen – er wird sehen, wie effektiv dies sein wird und dass die Abläufe viel reibungsloser funktionieren.

Sollte absehbar sein, dass Sie mehr Zeit für gemeinsame Absprachen brauchen, tragen Sie gleich morgens einen festen Termin in seinen Terminkalender ein.

Falls er auf einer Dienstreise ist, vereinbaren Sie ebenfalls eine feste Zeit für ein Telefonat, um die wichtigsten Punkte zu besprechen. Halten Sie hierfür eine Stichwortliste bereit. Falls Ihr Chef Zugriff auf seine E-Mails hat, können Sie ihm auch wichtige Fragen oder Nachrichten auf diesem Wege übermitteln, somit sind Sie zeitlich unabhängiger.

Virtuelle Konferenzen

Eine Konferenz jagt die nächste. Um Ihren Chef zeitlich zu entlasten, prüfen Sie, ob eine Konferenz nicht virtuell per Telefon- oder Videokonferenz durchgeführt werden kann. Vor allem wenn sich die Teilnehmer in verschiedenen Städten oder Ländern befinden, bietet diese Form eine gute Alternative. Zeit und Reisekosten werden außerdem eingespart. Nicht zu vergessen: nervenaufreibende Reisen für den Fall, dass der Flieger mal wieder Verspätung hat oder sogar in letzter Minute storniert wird, bleiben dem Chef erspart.

Für diese Konferenzalternative ist es wichtig, dass allen Gesprächsteilnehmern im Voraus eine Agenda, die Namen der Beteiligten und eine entsprechende Einwahlnummer vorliegen. Achten Sie bei der Festlegung der Uhrzeit auf die Zeitverschiebung bei Teilnehmern aus anderen Ländern.

Sollte es gewünscht sein, dass die Teilnehmer Besprechungsvorschläge zu den Tagesordnungspunkten liefern, so informieren Sie sie entsprechend über die Abgabefrist.

Bei einer Telefonkonferenz sollten die Teilnehmer vor jeder Wortmeldung ihren Namen nennen, sofern die Stimme den anderen Teilnehmern nicht bekannt ist. Bei Videokonferenzen sollten die Teilnehmer zur besseren Orientierung ein Namensschild vor sich aufstellen. Während der jeweiligen Sitzung wird ein Gesprächsprotokoll geführt, das nach der Sitzung an alle Teilnehmer versandt wird.

Der Initiator beendet jeweils auch die Sitzungen.

Videokonferenzen sollten bevorzugt werden, wenn es um schwierige Geschäftsverhandlungen geht, da es einfacher ist, wenn man den Verhandlungspartner vor Augen hat, seine Reaktionen beobachten und einschätzen kann, denn durch Mimik und Gestik erfährt man mehr als am Telefon. Natürlich haben persönliche Besprechungen immer noch den höchsten Stellenwert und sollten daher nicht vernachlässigt werden.

Unliebsame Aufgaben

Keine Lust, die Ablage zu erledigen, unbequeme Telefonate zu führen, ein Protokoll zu schreiben und unangenehme Sonderaufgaben zu erledigen? Man schiebt diese Dinge gern auf die lange Bank und geht lieber noch einen Kaffee trinken. Wie kann man solche Blockaden am ehesten bewältigen?

Am besten fangen Sie gleich morgens mit der schlimmsten Ihrer Aufgaben an, ohne groß vorher darüber nachzudenken – dann haben Sie sie endlich hinter sich. Der Tag kann nur noch schöner werden und vielleicht ist sie auch gar nicht so schlimm, wie Sie es sich vorgestellt haben. Andernfalls schieben Sie sie den ganzen Tag vor sich her und bekommen sie nicht mehr aus Ihrem Kopf.

Falls man eine komplexere Aufgabe, wie zum Beispiel die Organisation der Ablage vor sich hat, kann man diese Aufgabe in kleine Schritte aufteilen – die sogenannte Salamitaktik. Notieren Sie sich die einzelnen Zwischenschritte in einer Liste und arbeiten Sie sie hintereinander ab. Zum Beispiel beginnt man jeden Tag eine halbe Stunde vor dem Feierabend damit oder gleich frühmorgens. Dann erscheint diese Hürde nicht mehr ganz so groß. Die Kunst ist es jedoch, dies diszipliniert bis zum Ende durchzuführen.

Am Ende ist der Stolz umso größer und Ihnen geht es gleich viel besser. Belohnen Sie sich dafür und gönnen Sie sich etwas Schönes.

Richtig delegieren

Wer bekommt was? In Ihrem Kompetenzbereich kommt es auch vor, dass Sie Aufgaben delegieren müssen. Hierbei ist es wichtig, auch die Verantwortung entsprechend weiterzugeben. Damit es gar nicht so weit kommt, dass sich Kollegen Ihren Anweisungen oder Wünschen widersetzen. Klären Sie vorher Ihre Weisungsbefugnisse mit Ihrem Chef ab und kommunizieren Sie diese an die Kollegen.

Um die Hilfe von Kollegen zu erhalten, müssen Sie ihnen das Gefühl geben, wichtig zu sein. Nehmen Sie sich genügend Zeit, um ihnen genau Ihr Anliegen zu schildern. Meistens geht man von seinem eigenen Verständnis aus und setzt dieses Wissen unbewusst bei dem anderen voraus. Geben Sie ganz genaue Anweisungen ohne missverständliche Details. Sinnvoll ist es, am Ende die Aufgabenstellung wiederholen zu lassen. Dann können Sie sicher sein, dass Ihr Gegenüber alles richtig verstanden hat.

Setzen Sie einen Termin, bis wann die Aufgabe erfüllt sein muss. Pufferzeit sollte unbedingt eingeplant werden, gerade wenn man Aufgaben an mehrere Kollegen verteilt. Sie müssen gesammelt und eventuell noch einmal überarbeitet werden. Daher sollten nur Sie allein den endgültigen Termin der Abgabe an den Chef kennen.

Bieten Sie bei Terminschwierigkeiten Ihre Hilfe an. Manchmal muss der Kollege auch erst lernen, wie Sie bzw. Ihr Chef es meinen. Aber lassen Sie sich nicht zu oft einspannen, sonst können Sie es auch gleich von Anfang an selbst machen.

Ist eine Aufgabe gut erledigt worden, loben Sie Ihre Kollegen. Das ist für die Motivation und die weitere Zusammenarbeit im Team wichtig.

Falls jedoch etwas nicht fehlerfrei ist, üben Sie konstruktiv Kritik, indem Sie dem Kollegen erklären, wie Sie sich die korrekte Erledigung der Aufgabe vorgestellt haben. Seien Sie dennoch positiv und bedanken Sie sich für die erbrachte Leistung.

Delegieren muss erlernt sein und es dauert seine Zeit, bis man sich selbst daran gewöhnt hat, auch Verantwortung abzugeben und anderen Kollegen zu vertrauen, dass diese es mindestens genau so gut machen wie Sie.

Entrümpeln

Suchen Sie noch oder finden Sie schon? Sind Sie ein »Hochstapler« und ist es schon so weit, dass Ihr Schreibtisch unter den ganzen Aktenbergen, Ordnern und Ablagekörben zusammenbricht? Ist Ihre Schreibtischunterlage noch sichtbar oder vollgestellt mit allerlei Krimskrams, den man eigentlich gar nicht täglich braucht? Entrümpeln Sie Ihr Büro und werfen Sie Unnützes weg! Nur die wichtigsten Dinge, mit denen man tagtäglich arbeitet, sollten auf dem Schreibtisch oder in greifbarer Nähe stehen. Ansonsten versinkt man im Chaos und verliert irgendwann den Überblick. Bei großer Unordnung ist das Suchen vorprogrammiert und die Motivation leidet letztendlich darunter.

Sortieren Sie Ihre Schreibtischschubladen mit altem Briefpapier, Glückwunschkarten, abgelaufenen Kalendern oder alten Kugelschreibern, Ihre uralten Post-its, lose Zettel und Notizen auf Pinnwänden, Ihre Sideboards, Aktenschränke, Bücherregale, Zeitschriftenkörbe, Fensterbretter etc. und ordnen Sie alles wieder sinnvoll an. Dabei kann man gleich darauf achten, ob die Aktenkörbe noch dokumentengerecht beschriftet sind und sich auch das darin befindet, was darauf steht.

Nehmen Sie jedes Blatt nur einmal in die Hand und entscheiden Sie dann sofort: Muss weiter aufbewahrt oder kann weggeworfen werden, da es nicht mehr aktuell ist oder nicht mehr gebraucht wird. Wenn Sie sich nicht sicher sind, dann lagern Sie diese Dinge in einem Karton zwischen, den Sie nach einem halben Jahr wieder durchsehen. Sollten Sie dann diesen Rest immer noch nicht benötigt haben, können Sie in getrost entsorgen. Achten Sie jedoch bei bestimmten Unterlagen auch auf die gesetzlichen Aufbewahrungsfristen.

Gerümpel blockiert – entrümpeln befreit. Wenn die Ablage gemacht und Sie wieder freie Sicht auf Ihren Schreibtisch haben, fühlen Sie sich gleich viel wohler und können wieder durchatmen. Außerdem ist alles auf dem neuesten Stand und Sie müssen nicht mehr so viel Zeit mit Suchen verbringen. Schließlich ist auch Ihr Schreibtisch die Visitenkarte Ihres Büros. Dem britischen Wissenschaftler Cary Cooper gegenüber gaben in einer Studie für den Computerzubehörhersteller Logitech 70 Prozent der von ihm befragten Manager an, dass sie Mitarbeiter mit einem ordentlichen Schreibtisch bevorzugen.

Dementsprechend sollte auch der E-Mail-Posteingang regelmäßig sortiert und geleert werden. Am besten macht man es sich zur Regel, einmal im Monat eine Aufräumaktion zu starten, damit sich das Schreibtischchaos nicht wieder einschleicht.

Mind Mapping

Seien Sie kreativ! Falls Sie mit einer Aufgabe überhaupt nicht weiterkommen und nicht wissen, wo Sie anfangen sollen, hat sich eine Kreativitätsmethode sehr bewährt: das Mind Mapping.

Was versteht man genau darunter?

Diese Methode wurde in den Siebzigerjahren von dem britischen Lernforscher Tony Buzan entwickelt und spricht beide Gehirnhälften gleichermaßen an. Die linke Hälfte ist für das sprachlich-logische und die rechte Hälfte für intuitiv-bildhafte Denken verantwortlich. Beim Mind Mapping

handelt es sich um eine Art Ideensammlung. Was kommt Ihnen beispielsweise alles zu dem Begriff »Auto« in den Sinn? Da gibt es verschiedene Modelle, Farben und Größen. Es dient als Fortbewegungsmittel, als Transportmittel oder einfach nur als Vorzeigeobjekt. Darüber hinaus gibt es sie noch
in unterschiedlichen Ausstattungen, mit verschiedenen PS-Stärken und
Kraftstoffarten.

Mit derselben Vorgehensweise kann man auch im beruflichen Bereich
arbeiten, wenn Sie beispielsweise vor der Organisation einer großen Sitzung
stehen.

Gehen Sie dabei folgendermaßen vor:

1. Das zentrale Thema (Sitzung) wird in die Mitte eines großen unlinierten
   Papiers im Querformat geschrieben.
2. Von diesem Begriff aus zeichnen Sie nun Ihre spontanen Gedanken auf
   die Hauptäste (z. B. Teilnehmer, Agenda, Einladungen, Hotel, Sitzungsunterlagen etc.). Von denen gehen nun weitere Verzweigungen mit unter-
   geordneten Themen ab, wie beispielsweise Teilnehmerliste. Diese Technik
   kann beliebig fortgesetzt werden, sodass sich am Ende als Gesamtbild ein
   verzweigter Baum ergibt.
3. Sie können auch mit Farben arbeiten, um ähnliche Punkte auf einen
   Blick sichtbar zu machen oder die Wichtigkeit hervorzuheben.

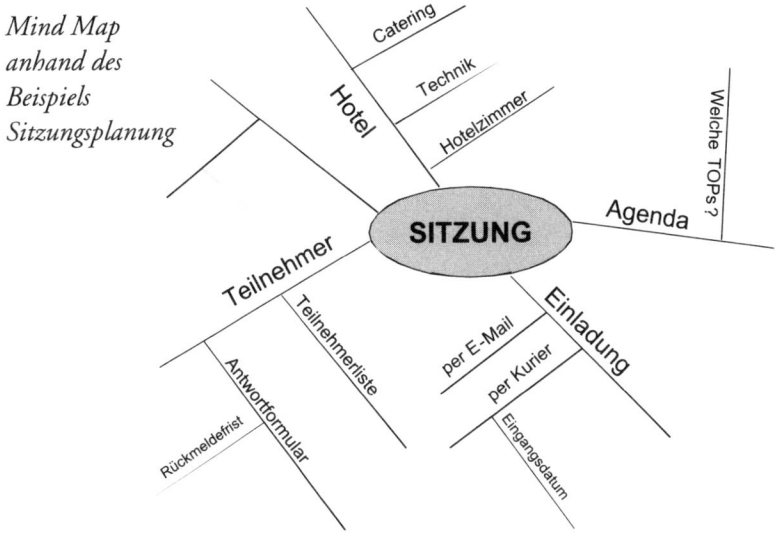

*Mind Map
anhand des
Beispiels
Sitzungsplanung*

Mind Mapping bietet viele Vorteile:

1. Es handelt sich um eine schnelle und kreative Arbeitsmethode mit Schlüsselwörtern.
2. Die Gedanken haben freien Lauf. Die Kreativität wird gefördert.
3. Es können jederzeit Informationen hinzugefügt oder ergänzt werden.
4. Man arbeitet assoziativ, d. h., bei einem bestimmten Stichwort wird automatisch ein Bild entwickelt.
5. Man spart Zeit, da nur die wichtigsten Schlüsselwörter aufgelistet werden. Anstatt viele Seiten zu schreiben und zu lesen, braucht man jetzt nur eine Mind Map.
6. Es stärkt das visuelle Erinnerungsvermögen.
7. Das Wichtigste und die Zusammenhänge sind direkt (farblich) sichtbar.
8. Die Einsatzgebiete sind unbegrenzt.
9. Durch den spielerischen Umgang mit einem bestimmten Thema wird die Motivation gefördert.

Tipp

Mithilfe spezieller Softwareprogramme kann eine Mind Map mittlerweile auch auf dem PC erstellt werden.

Farben

Bringen Sie Farbe ins Spiel! Farben sind in puncto Ablage sehr hilfreich. Man kann sie entsprechenden Sachgebieten zuordnen. Dies kann nützlich sein, wenn Sie für mehrere Chefs arbeiten und jedem seine eigene Farbe zuteilen.

Oft hat man den Eindruck, dass die perfekte Ablage erst dann perfekt aussieht, wenn die Ordner alle ordentlich synchron mit PC-beschrifteten Ordneretiketten in Reih und Glied nebeneinanderstehen. Schön und gut – nur, wie findet man auf Anhieb einen bestimmten Ordner, wenn alle völlig gleich aussehen? Man ist also gezwungen, die Etiketten erst einmal alle in Ruhe durchzulesen, es sei denn, Sie wissen genau, an welcher Stelle im Schrank der Ordner steht.

Eine Hilfe bietet das Beschriften mit farbigen Etiketten oder das Arbeiten mit farbigen Ordnern. Hierzu gibt es schon eine Reihe ausgefallener Modelle von verschiedenen Büroartikelherstellern. Die Signalfarbe Rot könnte man für ganz wichtige Angelegenheiten wie zum Beispiel für Aufsichtsratssitzungen oder Jahresabschlüsse auswählen. Grün für laufende Projekte, Gelb für die Organisation von Reisen, Blau für die Ablage von Verträgen usw. Die Ablage sollte auf jeden Fall übersichtlich und sinnvoll strukturiert und – ganz wichtig – für andere nachvollziehbar sein.

Darüber hinaus kann man mit entsprechenden Symbolen arbeiten, die Sie gleich oben auf dem Etikettenrücken anbringen. So können Sie zum Beispiel die Rechnungsordner mit einem Dollarzeichen, Verträge mit einem Paragraphenzeichen, Reiseordner mit einer Sonne oder die Projekt-ordner mit einem Werkzeug o. Ä. kennzeichnen. Die entsprechenden Symbole kopieren Sie einfach aus dem Internet.

Durch die unterschiedlichen Farben haben Sie auf Anhieb einen Überblick, wenn Sie den Schrank öffnen, und brauchen nur eine gewisse Anzahl von Ordnern durchzugehen, um etwas zu finden. Hierdurch wird wiederum wertvolle Zeit gespart, die oft mit Suchen nach Dokumenten vergeudet wird.

Die gleiche Ablagestruktur sollte übrigens analog in Ihrem elektronischen Posteingang existieren. Das hat den Vorteil, dass Sie Vorgänge, die Sie bereits elektronisch vorliegen haben, in Papierform vernichten können, um die Ablage nicht überzustrapazieren, somit haben Sie wieder Platz gespart.

Tipp

Wenn Sie sich nicht sicher sind, welche Ordner Sie überhaupt noch im Schrank benötigen, kleben Sie einen Haftnotizzettel auf diejenigen Ordner, die Sie das letzte halbe Jahr benutzt haben. Bei denen ohne Zettel wissen Sie, dass sie nicht mehr aktuell sind bzw. gar nicht mehr gebraucht werden. Somit erhalten Sie auf eine einfache Art eine Übersicht über die Aktualität Ihrer Ablage.

Super-Kladde

Sicherlich kennen Sie das auch: Überall liegen Zettelchen auf dem Schreibtisch herum und kleben gelbe Haftnotizen an den PCs und Telefonen, auf denen wichtige Notizen und Telefonnummern notiert sind. Schnell können diese kleinen Zettelchen jedoch verloren gehen. Um sich vor der Sucherei zu schützen, ist die Lösung eine persönliche »Super-Kladde«, in der Sie alle Informationen sammeln. Das kann beispielsweise ein stabiles gebundenes DIN-A4- oder A5-Notizbuch sein.

Hier werden täglich alle Aufgaben, Notizen, Bemerkungen, Zwischen-rufe des Chefs, Ideen, Telefonnummern, private Erinnerungen an Termine und alles andere Wichtige eingetragen. Gerade wenn es hektisch wird, kann man nicht immer alles auf einmal im Kopf behalten. Ebenso können Sie in diesem Buch immer wieder mal Telefonnummern oder Notizen nachlesen, die später noch von Nutzen sein könnten. Haftnotizen mit wichtigen In-formationen können natürlich auch hineingeklebt werden. So wandern wichtige Daten nicht einfach in den Papierkorb.

Verwenden Sie für jeden Arbeitstag ein neues Blatt und übertragen Sie Unerledigtes auf den nächsten Tag. Arbeiten Sie auch hier mit Farben, um einen besseren Überblick über die Dringlichkeit zu bekommen: Rot kann für eine ganz dringende, sofort zu erledigende Aufgaben stehen, Blau für Aufgaben, die Sie an Kollegen delegieren, Grün für Projekte, bei denen nachgehakt werden muss usw.

Das schönste Erfolgserlebnis ist es, wenn man eine Aufgabe, die gerade erledigt ist, ganz dick durchstreichen und sich sagen kann »Das habe ich ge-schafft«. Das ist ein tolles Gefühl und steigert die Zufriedenheit – ein Trick, um sich selbst zu motivieren.

Die gleiche Vorgehensweise kann analog elektronisch durchgeführt wer-den – mit der Aufgabenliste in Outlook oder Lotus Notes. Hier können die entsprechenden Aufgaben nach Wichtigkeit eingetragen und mit Farben gekennzeichnet werden. Zusätzlich wird das Datum eingegeben, bis wann diese Aufgabe erledigt sein muss. Dann erscheint zum gewünschten End-termin ein Erinnerungsfenster auf dem Bildschirm.

Notfall-Liste

Sie sollten sie immer griffbereit haben: Die wichtigsten Telefonnummern wie die des Reisebüros, der Fluggesellschaften auf den Flughäfen, der Taxi-zentralen, der Bahnauskunft, der Mietwagenzentrale, der Kartensperre etc., denn es kann beispielsweise mal vorkommen, dass der Chef seinen An-schlussflug nicht rechtzeitig erreicht und schnell ein anderer Flug zum Ziel-ort gefunden werden muss. Wenn rasches Handeln erforderlich ist, bleibt keine Zeit mehr, nach den entsprechenden Telefonnummern zu suchen. Stellen Sie sicher, dass diese Liste immer aktuell ist.

Urlaubsvertretung

Sie möchten natürlich auch in den wohlverdienten Urlaub und Ihre Freizeit genießen. Bleibt die Frage: Wer wird Sie während Ihrer Abwesenheit vertreten? Eine Kollegin oder eine Zeitarbeitskraft? Kümmern Sie sich rechtzeitig um eine optimale Vertretung, damit der Erholungseffekt nicht gleich nach kurzer Zeit verpufft ist, wenn sich unerledigte Unterlagen und E-Mails nach Ihrem Urlaub stapeln.

Zur optimalen Organisation und Chefentlastung gehört auch, dass Sie für Ihre Vertretung alle Arbeitsabläufe transparent machen. Versuchen Sie sich in deren Lage zu versetzen, denn für sie könnten das ganz neue Vorgänge sein. Machen Sie sie gründlich und frühzeitig mit ihnen vertraut. Am besten erstellen Sie eine allgemein gültige Urlaubscheckliste, die folgende Informationen enthalten sollte:

1. Vorgesetzter

- Was trinkt er morgens am liebsten?
- Wie ist seine Arbeitsweise?
- Welche Unterlagen müssen morgens unbedingt auf seinem Schreibtisch liegen?
- Wie sind Besprechungen oder Störungen geregelt? Ist die Tür immer offen oder gibt es eine bestimmte Regelung? Soll angeklopft werden?
- Was kann er überhaupt nicht leiden?
- Welche Anrufer dürfen gleich durchgestellt werden?
- Gibt es besondere »Rituale«?
- Wie wird die Korrespondenz erledigt? Setzt man sich morgens zusammen und arbeitet sie durch? Möchte er alle Dokumente in einer Postmappe erhalten, die er später rausgibt? Hat er ein bestimmtes Postfach?

2. Wichtige Mitarbeiter

- Mit welchen Personen besteht regelmäßiger Kontakt? Notieren Sie die Namen, Funktionen und Zuständigkeiten.
- Wer wird bevorzugt behandelt?
- Welche Mitarbeiter können im Notfall weiterhelfen? Wie heißen die Ansprechpartner der anderen Sekretariate? Mit wem besteht die engste Zusammenarbeit?

3. Posteingang
- Wie wird die Post verteilt?
- Gibt es einen Postboten, Postfahrstühle, Postmappen, eine Poststelle?
- Was darf geöffnet werden (persönlich/vertraulich)?
- Welche Post wird an wen weitergeleitet/delegiert?
- Handhabung des Posteingangsstempels?
- Welche Post geht gleich in den Papierkorb?
- Welche Post geht direkt zum Chef?
- Welche Absender sind äußerst wichtig?

4. Ablage und Wiedervorlage
- Wie ist Ihre Ablage organisiert? Wo findet man die wichtigsten Vorgänge? Gibt es eine Zwischenablage?
- Ein Aktenplan sollte angelegt werden.
- Welche Unterlagen können bis zu Ihrer Rückkehr liegen bleiben?
- Wie wird mit der Wiedervorlage gearbeitet?

5. Termine
- Informationen über aktuelle Termine weitergeben.
- Wie werden Termine vereinbart? Müssen diese vorher explizit mit dem Chef abgeklärt werden?
- Gibt es feste, immer wiederkehrende Termine?
- Generelle Handhabung der Terminplanung und Pufferzeiten

6. PC und EDV
- Passwortvergabe
- Welche Zugriffsrechte liegen vor?
- Wie ist die Ordnerstruktur angelegt? Wo findet man welche Dokumente?
- Sollen auch die E-Mails vom Chef gelesen werden?
- Falls ja, sollen Antworten vorformuliert werden?

7. Besucher und Bewirtung
- Wie und wo werden die Besucher empfangen?
- Wie werden wichtige Besucher angesprochen (z. B. ein Aufsichtsratsmitglied, Graf oder Gräfin, Herr Professor XY?)
- Wie ist die entsprechende Begrüßung im Hause?

- Wer übernimmt die Bewirtung der Besucher?
- Was umfasst die Bewirtung?
- Wo befinden sich die entsprechenden Bewirtungsutensilien?
- Wie wird der Besprechungsraum gebucht?
- Wo befindet sich die Garderobe?
- Wie funktioniert die Technik im Besprechungsraum?

8. Allgemeines Tagesgeschäft
- Wie läuft ein Tag generell ab? Wie ist das übliche Tagesgeschäft? Gibt es feste Gewohnheiten?
- Übersicht über laufende Projekte zusammenstellen.
- Welche Projekte können während Ihrer Abwesenheit liegen bleiben? Welche sind eilig?

9. Allgemeine Organisation
- Welche Abteilungen gibt es im Haus? Wie sind sie vernetzt? (Mithilfe eines Organigramms kann die Struktur des Hauses erklärt werden.)
- Übergabe der Geburtstags- und Jubiläumsliste
- Welche Schlüssel werden übergeben?
- Ansprechpartner für den Notfall aufschreiben
- Falls vorhanden, Einlasskarte zum Unternehmen anfordern.
- Eventuell die eigene Handynummer oder Urlaubsadresse für Notfälle hinterlassen

Eine große Vertretungshilfe bietet neben dieser Checkliste ein »Office-Handbuch«, welches alle wichtigen Informationen und Routineabläufe Ihres Chefs und Ihres Sekretariates zum Nachschlagen enthalten sollte:

1. allgemeine wichtige Informationen
2. Daten des Chefs
3. turnusmäßige Aufgaben
4. Ablagestruktur
5. Organigramme
6. wichtige Adressen der Geschäftspartner
7. wichtige private Adressen wie Familie, Ärzte, Apotheke, Buchhandlung, Autohaus etc.
8. Informationen über Reisebuchungen

9. Restaurants, Hotels, Catering etc.
10. Betriebsvereinbarungen und Satzungen
11. interne Sicherheitsbedingungen
12. Betriebsrat
13. Mustereinladungen
14. nützliche Checklisten
15. Abwesenheitsmeldungen
16. Urlaubsanträge
17. Handhabung Post, Besprechungen, Terminführung
18. wichtige Internet-Adressen
19. Informationen über die Technik im Sekretariat wie Klimaanlage, Fax, Drucker, CD-Brenner, Scanner, Telefonanlage, Diktiergerät etc.
20. Informationen über Video- und -Audiokonferenzen

Auch kann ein Organisationshandbuch elektronisch ins Intranet gestellt werden, das die wichtigsten Firmenformulare enthält, wie beispielsweise für Reisekostenabrechnungen, Briefe, Faxe, EDV-Bedarfsanforderungen, Adressetiketten, Kurzbriefe, Aktennotizen, Formblätter, Layout für die Firmenpräsentation, Flyer und vieles mehr. So sind alle wichtigen Informationen gebündelt und für Vertretungen bestens aufrufbar. Voraussetzung ist, dass diese Übersicht regelmäßig geprüft und aktualisiert wird.

Damit Sie gleich auf dem neuesten Stand sind, sollte Ihre Vertretung Sie nach Ihrem Urlaub über erledigte bzw. delegierte Vorgänge unterrichten. Das funktioniert am besten mit einer vorgefertigten Tabelle, in die sie alle Vorgänge und zu erledigenden Aufgaben einträgt:

Vorgang	Eingang	erledigt am	delegiert an	Status/To do
Projekt XYZ	29.3.		Herrn Müller am 30.3.	offen – Fertigstellung in zwei Wochen (Termin: 14.4.)

Beispiel für eine Übergabetabelle

Für jede Angelegenheit sollte der genaue Betreff, das jeweilige Eingangsdatum, wer den Vorgang bis wann bearbeitet und die Informationen über den aktuellen Status ersichtlich sein. Der Erfolg für eine professionelle und reibungslose Übergabe liegt darin, alles detailliert festzuhalten.

Informieren Sie Ihre Kollegen über Ihre Abwesenheit und stellen Sie – falls erforderlich – Ihre Vertretung vor. Aktivieren Sie für Ihre E-Mails den Abwesenheitsassistenten »Out of Office« mit Angabe Ihrer Rückkehr und Kontaktdaten Ihrer Vertretung oder eine automatische Weiterleitung der E-Mails an Ihre Vertretung.

Dienstreisen

Ersparen Sie sich den Adrenalinschock, wenn Sie feststellen, dass am Ende doch noch wichtige Dokumente in der Reisemappe fehlen und Ihr Chef schon längst »über alle Berge« ist. Auch die Organisation der Geschäftsreise sollte reibungslos verlaufen. Hier ist es sinnvoll, mit einer Standardcheckliste zu arbeiten.

Hier die wichtigsten Vorbereitungspunkte:

1. alle Termine schriftlich bestätigen lassen
2. Reiseplan erstellen mit allen
   - Flug- und Veranstaltungszeiten
   - Flugnummern, Sitzplatznummern, Angabe des Terminals und der Flugzeit
   - Agenda der Besprechung
   - Adressen der Veranstaltungsorte
   - Telefonnummern der Veranstaltungsorte und Ansprechpartner vor Ort (auch Handynummern, falls vorhanden)
   - allgemeine wichtige Informationen zur Veranstaltung
3. Planen Sie bei Terminen Pufferzeiten ein für den Fall, dass das Flugzeug Verspätung hat
4. Reservierungsbestätigung des Hotels sowie die Adresse und Telefonnummer
5. Achten Sie darauf, dass die Reservierung bestätigt ist, falls eine späte Anreise erfolgt

6. Überprüfen Sie alle Unterlagen auf Vollständigkeit und sortieren Sie sie chronologisch in die Reisemappe. Kopieren Sie sich vorsichtshalber alle relevanten Reiseunterlagen

7. Wie sind der Transfer am Ankunftsort und die Rückfahrt zum Flughafen organisiert?
   - Wird der Chef abgeholt? Oder nimmt er ein Taxi, einen Zug oder öffentliche Verkehrsmittel zum Veranstaltungsort?
   - Wo befindet sich der nächste Taxistand, Bahnsteig oder die nächste Haltestelle? Eine Wegbeschreibung ist vor allem auf großen Flughäfen sehr hilfreich
   - Wie lange dauert die Fahrt zum Veranstaltungsort und wie hoch sind die Kosten?
   - Falls der Chef von einem Fahrer abgeholt wird, wie lautet dessen Name? Wo wird er auf ihn warten? Für alle Fälle auch dessen Handynummer notieren

8. Wichtige Reiseunterlagen:
   - Reisepass oder Personalausweis (bitte auf Gültigkeit achten)
   - Flugticket oder Flugbestätigung bei elektronischem Ticket
   - Adressenanhänger
   - Fahrkarten
   - Kreditkarten
   - Visitenkarten
   - Vollmachten
   - Gepäckversicherung
   - Auslandskrankenversicherung
   - ADAC-Karte
   - Grüne Versicherungskarte
   - Schutzbrief
   - relevante Besprechungsunterlagen
   - Adressen von Ämtern und Botschaften
   - Leseunterlagen (falls gewünscht)
   - Prospekte/Kataloge
   - frankierte und adressierte Briefumschläge für den Rückversand an das Sekretariat, falls etwas während der Dienstreise bearbeitet wird
   - Impfpass (falls notwendig)
   - Einreise- und Visabestimmungen
   - Devisen

- (Internationaler) Führerschein
- Ersatzbatterien oder Akkus
- Wegbeschreibungen
- Reservierungsbestätigungen für Vorbestellungen
- Stromadapter fürs Ausland
- Informationen über das Reiseziel
- Kundengeschenke
- Restauranttipps
- Taschenrechner
- Diktiergerät
- Handy/Blackberry/Palm Pilot
- Telefonkarte
- evtl. Miethandy
- Laptop
- jeweilige Stromkabel (und Adapter)
- Reiseapotheke
- Zeitungen
- Telefonliste
- Briefpapier und Umschläge
- Schreibset
- Briefmarken

9. Für den Fall eines Verlustes sollten Sie alle wichtigen Dokumente für Ihren Chef kopieren. Diese sollte er dann getrennt von den Originalen an einem separaten Ort aufbewahren.
10. Ebenso sollten alle wichtigen Kontakte im Handy, Blackberry oder Palm Pilot des Chefs gespeichert sein, damit er sie auch selbst erreichen kann. Das ist gerade bei Zeitverschiebungen sinnvoll. Zu den wichtigen Telefonnummern zählen auch die seines Hausarztes, der Kreditkartensperre, des Abschleppdienstes, der Telefonauskunft, des Weckdienstes, der Notfalldienste, des Reisebüros, der Autovermietung, der jeweiligen Taxizentrale, des Handy-Services, der Fluggesellschaft etc.

Alle Jahre wieder

Same procedure as every year!

Der Chef wird Ihnen dankbar sein, wenn Sie ihm alljährlich anstehende zeitintensive Aufgaben abnehmen, indem Sie ihm zum Beispiel schon einmal die Liste mit den wichtigsten Adressen für die Oster-, Weihnachts- und

Neujahrsgrüße vorbereiten. Vergessen Sie auch nicht die Geburtstage seiner engsten Mitarbeiter.

Zu Ihren Aufgaben zählen außerdem die Vorbereitungen und die Entwicklung neuer Ideen für den nächsten Betriebsausflug oder die nächste Weihnachtsfeier. Hier können Sie einige Pluspunkte sammeln, wenn Sie sich schon vorher unaufgefordert Gedanken gemacht haben: Wer muss alles eingeladen werden, welche ausgefallenen Lokalitäten oder Ausflugsorte gibt es? Soll die Feier intern stattfinden, was war noch nicht im Programm, welcher Zeitpunkt ist am besten, wie soll die Feier gestaltet werden, sollen die Mitarbeiter selbst Vorschläge machen, welche Speisen und Getränke werden angeboten, in welcher Form gibt es ein Rahmenprogramm, wie hoch ist das Budget etc.?

Auch das sind Aufgaben, die sehr viel Zeit in Anspruch nehmen. Stellen Sie sich darauf ein und planen Sie entsprechende Pufferzeiten für diese Vorgänge ein.

Desweiteren sind die privaten Angelegenheiten des Chefs manchmal zeitlich nicht zu unterschätzen. Da haben wir dann die Erinnerung an den Hochzeitstag, die Geburtstage der Familienmitglieder und anderer wichtiger Verwandten, die privaten Schreiben und Termine, den regelmäßigen Arztbesuch, den TÜV-Termin etc.

Zeitmanagement – die wichtigen Dinge tun

> *Effektives Zeitmanagement bedeutet,*
> *das Wichtigste zuerst zu tun. (Stephen R. Covey)*

Viele Menschen sind der Meinung, viele Überstunden hinterlassen einen guten Eindruck bei ihrem Vorgesetzten – das Gegenteil kann jedoch der Fall sein: Der Chef kann genauso gut denken, dass Sie mit Ihren Aufgaben überfordert sind, und überträgt Ihnen weniger verantwortungsvolle Aufgaben. Daher ist es wichtig, die Arbeitszeit gut einzuteilen und zu organisieren, um zu beweisen, dass Sie Ihrem Arbeitspensum gewachsen sind.

Das A und O des Zeitmanagements ist es, die anstehenden Aufgaben hinsichtlich ihrer Prioritäten genau einschätzen zu können. Generell gilt als Zeitplanung die 60:20:20-Regel, d. h., 60 Prozent der Zeit sollte man fest verplanen, 20 Prozent sind für unerwartete Aufgaben reserviert und 20 Prozent verbringt man spontan.

Verschiedene Zeiteinteilungsmodelle können dazu genutzt werden:

Pareto-Prinzip
(Nach dem italienischen Ökonomen Vilfredo Pareto)
Hier wird auch häufig von der 80:20-Regel gesprochen, d. h., 20 Prozent der Aufgaben sind so wichtig, dass Sie mit ihrer Erledigung 80 Prozent des möglichen Erfolges erzielen. Eine kleine Anzahl von Dingen ist also viel wichtiger als der Rest.

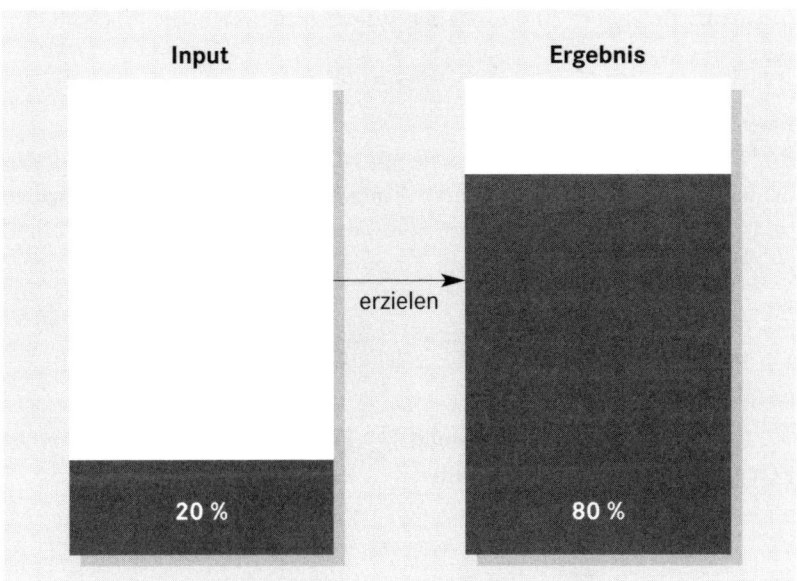

Das Pareto-Prinzip (80:20-Regel)

Ein paar Beispiele:
* 20 Prozent der Kunden sind für 80 Prozent des Umsatzes verantwortlich.
* Der Leser zieht 80 Prozent seiner Erkenntnisse aus 20 Prozent der Informationen.
* 80 Prozent unserer Zeit vergeuden wir mit Dingen, die uns unseren Zielen nur zu 20 Prozent näher bringen.
* 80 Prozent der Zeit trägt man nur eine Auswahl von 20 Prozent der Sachen im Kleiderschrank.
* Bei Besprechungen kommt es meistens in 20 Prozent der Zeit zu 80 Prozent der Beschlüsse.

Immer mehr Informationen müssen in kürzester Zeit verarbeitet werden. Das gilt auch für den Erfolg: 20 Prozent der Arbeit bringen 80 Prozent der Ergebnisse, d. h., das Wichtigste muss herausgefiltert werden. Es geht nicht darum, seine Aufgaben effizient zu erledigen, sondern effektiv zu arbeiten und die richtigen Dinge zu tun. Das heißt, am Ende des Tages ist es nicht wichtig, wie viel man geschafft hat, sondern, was man erreicht hat: Qualität vor Quantität.

Versuchen Sie Ihre 20 Prozent der Aufgaben zu finden, die Ihnen 80 Prozent Ihres Tageserfolgs bringen.

Eisenhower-Prinzip
Ein wesentlicher Vorteil dieses Prinzips (nach dem ehemaligen US-Präsidenten Eisenhower) liegt in seiner Einfachheit. Wir teilen die Aufgaben und Ziele nach zwei Kriterien auf: Sind sie wichtig oder nicht wichtig? Sind sie dringend oder nicht dringend?

	dringend	nicht dringend
wichtig	heute noch bearbeiten	in Zeitplan einordnen
nicht wichtig	delegieren	ignorieren

Das Eisenhower-Prinzip

So gelangen wir zu vier Gruppen von Aufgaben:

1. Aufgaben, die wichtig und dringend sind
2. Aufgaben, die wichtig, aber nicht dringend sind
3. Aufgaben, die nicht wichtig, dafür aber sehr dringend sind
4. Aufgaben, die weder wichtig noch dringend sind.

In die erste Gruppe gehören Aufgaben, die sogenannten Feuerlöscharbeiten, die unbedingt heute noch erledigt werden müssen, da sie wichtig für die Zielerreichung sind. Dazu gehören zum Beispiel Projekte mit Endterminen, Fristenabläufe, Vertragswerke, Einladungen, die fristgerecht verschickt werden müssen, oder kurzfristige Präsentationen. Diese Aufgaben sollten auf jeden Fall heute von Ihnen persönlich erledigt werden. Man sollte darauf achten, von ihnen nicht allzu viele bearbeiten zu müssen, sonst betreibt man Krisen- statt Zeitmanagement.

Bedenken Sie: »Wichtigkeit« steht immer über »Dringlichkeit«.

In der zweiten Gruppe befinden sich Aufgaben, die wichtig, aber nicht dringend sind. Um Ihre Ziele zu erreichen, sollen Sie so viel Zeit wie möglich mit den Aufgaben der zweiten Gruppe verbringen, denn sie bringen die größten Erfolge.

Sie kennen das: Morgens stapelt sich allerlei Post, Besprechungsunterlagen, Dokumente für die Reisevorbereitung, Daten und Unterlagen für langfristige Planungen. Diese gilt es nun sinnvoll in eine Reihenfolge zu bringen und abzuarbeiten – das Wichtigste natürlich zuerst. Damit hat man den größten Teil seines täglichen Arbeitspensums erreicht und erzielt somit den größten Erfolg.

Zu der dritten Gruppe zählen Routinearbeiten wie Postbearbeitung, E-Mails, Telefonanrufe, Ablage, Kopien erstellen etc. Diese Aufgaben könnten bei Bedarf auch delegiert werden.

Unwichtige und nicht dringende Aufgaben befinden sich in der vierten Gruppe. Sie sind nicht ergebnisorientiert und wandern am besten direkt in den Papierkorb. Falls Sie Hemmungen haben, sie sofort zu entsorgen, legen Sie die Dokumente erst in eine Papierkorb-Vorablage. Wenn Sie nach sechs Monaten keines dieser Dokumente gesichtet haben, können Sie sie ruhigen Gewissens wegwerfen.

Ordnen Sie Ihre täglichen Aufgaben in diese vier Bereiche. Als Erstes sollten natürlich immer die Aufgaben der ersten Gruppe erledigt werden. Das Ziel sollte aber sein, diesen Bereich kleiner werden zu lassen und sich auf die Aufgaben der zweiten Gruppe zu konzentrieren.

Die ABC-Analyse

Ähnlich wie das Eisenhower-Prinzip liegt die Stärke dieser Methode (vgl. Seiwert 2007) ebenfalls in der Einfachheit. Alle Aufgaben, die an einem Tag erledigt werden müssen, werden chronologisch aufgelistet. Anschließend

werden sie nach folgendem System einem bestimmten Buchstaben zugeordnet:

A

Diese Aufgabe ist sehr wichtig und muss heute erledigt werden.

B

Diese Aufgabe sollte man erledigen. Sie ist allerdings bei Weitem nicht so
wichtig wie die A-Aufgabe. Diese Aufgaben können allerdings nicht unbegrenzt nach hinten verschoben werden, ansonsten werden sie auch schnell
zu A-Aufgaben.

C

Diese Aufgaben haben keinen bestimmten Stichtag und können in Ruhe irgendwann erledigt werden.

Man sollte für die wichtigen A-Aufgaben 65 Prozent der Zeit versehen,
20 Prozent für B-Aufgaben und 15 Prozent für den Kleinkram.

Zur Perfektionierung der Zeiteinteilung sollte man auch noch seine persönliche Leistungskurve beachten und von ihr profitieren. Ist man gleich
morgens nach dem Aufstehen effektiv und voller Schaffenskraft oder läuft
man erst am Nachmittag zur Höchstform auf? Häufig ist die Zeit zwischen
9.00 und 11.30 Uhr sowie die Zeit zwischen 16.00 und 18.00 Uhr günstig
für Besprechungen. Das kann jedoch bei jedem Menschen anders sein.

Daher sollte man die A-Aufgaben während seiner Hochphase und die
weniger wichtigen, wie zum Beispiel Briefe schreiben, Telefonate führen,
Reiseabrechnungen erstellen etc., eher zum Zeitpunkt des persönlichen
Leistungstiefs erledigen.

Wichtig ist es, Unterbrechungen zu vermeiden und sich »stille Stunden«
zu verschaffen. Falls Sie an einer sehr komplexen Aufgabe arbeiten, ziehen
Sie sich an einen ruhigeren Ort zurück und bitten Sie Ihre Kollegin, für Sie
in dieser Zeit das Telefon zu übernehmen.

Falls die Aufgabe zu komplex sein sollte, wenden Sie die bereits erwähnte
»Salamitaktik« an, indem Sie sie erst einmal in kleine Teilaufgaben zerlegen.
So kann man sich selbst motivieren, überhaupt anzufangen und die Auf-
gabe nicht vor sich herzuschieben.

Legen Sie zwischendurch auch kleine Pausen ein, denn zu langes Arbeiten am Stück macht sich nicht bezahlt, da die Konzentration und die Leistungsfähigkeit sukzessive nachlassen. Schnell schleichen sich Flüchtigkeitsfehler ein und am Ende hat man mehr Arbeit. Auch bei schwierigen Aufgaben ist es sinnvoll, loszulassen und an etwas anderes zu denken, die Lösung fällt einem nach einer kurzen Pause manchmal sehr schnell ein.

Zeitfresser

Das ausufernde Gespräch auf dem Flur, Unterbrechungen und klingelnde Telefone, Rat suchende Mitarbeiter, unangemeldete Besucher – wer kennt sie nicht, die unliebsamen Zeitfresser?

Die folgenden Beispiele zeigen, wie am meisten Zeit verloren wird:

1. keine Prioritäten oder Tagesziele setzen
2. keine Konzentration, sondern Ungeduld
3. überhäufter Schreibtisch
4. kein Teamwork
5. schlechtes Ablagesystem
6. zu viel Zeit mit Suchen verbringen
7. zu wenig Delegieren
8. Unfähigkeit, nein zu sagen
9. Entscheidungsschwäche
10. Ablenkung durch Telefon, unangemeldete Besucher, Kollegen
11. fehlende Selbstdisziplin/mangelnde Koordination
12. ausufernde Meetings usw.

Auch hier ist es wieder wichtig, Prioritäten zu setzen und die entsprechenden Aufgaben mithilfe der verschiedenen Zeiteinteilungsmethoden zu bewältigen.

Erbitten Sie sich ebenso für wichtige Angelegenheiten Ruhe, denn ständiges Telefonklingeln und Zwischenfragen der Kollegen stören die Konzentration. Die Konzentrationskurve gleicht dann einem Sägeblatt – effektives Arbeiten ist nicht mehr möglich.

Zur guten Zeitplanung gehört auch, dass Sie Anfragen von Kollegen (»Könnten Sie vielleicht mal eben ...?«) gegebenenfalls freundlich, aber bestimmt ablehnen und Hilfe für einen anderen Zeitpunkt anbieten (»Bis wann brauchen Sie es?«).

Das Gleiche gilt für gesprächige Besucher, die Ihnen wertvolle Zeit stehlen. Kommen Sie nach einer höflichen und freundlichen Begrüßung gleich zu der Frage »Was kann ich für Sie tun?«, damit das Gespräch nicht unendlich ausufert.

Arbeiten Sie einzelne Arbeiten im Block ab, zum Beispiel alle Telefonanrufe, Abrechnungen, schriftlichen Anfragen oder Briefe. So konzentrieren Sie sich auf einen Arbeitsvorgang und werden dadurch schneller und effizienter. Versuchen Sie, unterschiedliche Arbeitsvorgänge nicht durcheinanderzumischen, denn sonst müssen Sie sich immer wieder neu konzentrieren, was Zeit kostet.

Leider kann nicht grundsätzlich jede Störung vermieden werden. Es ergibt sich immer wieder Unvorhergesehenes und Spontanes – gerade im Sekretariat. Deshalb ist es ratsam, wirklich nur 60 Prozent der Arbeitszeit zu verplanen und den Rest als zeitlichen Puffer zu nutzen.

Tipp

Führen Sie ein Aktionsbuch, in dem Sie ein oder zwei Wochen lang aufschreiben, was Sie an einem Tag alles schaffen möchten, tatsächlich schaffen und durch welche »Zeitdiebe« Sie gestört wurden. Identifizieren Sie Ihre Störfaktoren. Mithilfe dieser Bestandsaufnahme erkennen Sie, womit Sie unnötig Zeit verschwenden und wo Sie Abläufe verbessern können.

Besprechungsmanagement

Vor dem Meeting ist nach dem Meeting, könnte die Devise lauten. Jeden Tag werden Hunderte von Arbeitsstunden in Besprechungen verschwendet. Rund ein Drittel der Arbeitszeit wird in deutschen Büros vergeudet. Zu diesem Ergebnis kommt eine Studie der Unternehmensberatung Proudfoot Consulting. Daher bekommt man seinen Chef oftmals kaum zu Gesicht, da er fast den ganzen Tag in Besprechungen sitzt.

Fragen Sie sich, ob Ihr Chef unbedingt persönlich bei jeder Besprechung anwesend sein muss oder ob es sinnvoll wäre, gleich seinen Vertreter einzuladen, damit er seine Zeit sinnvoller nutzen kann.

Machen Sie sich im Vorfeld Gedanken, um die Besprechung perfekt zu organisieren, denn gute Vorbereitung zahlt sich aus. Dabei helfen Ihnen folgende Punkte, die Sie bei der Vorbereitung beachten sollten:

1. Die Teilnehmerzahl so klein wie möglich halten. Je weniger Personen involviert sind, desto effizienter ist eine Besprechung. Laden Sie nur diejenigen ein, die mit dem Projekt auch wirklich zu tun haben.
2. Wann und wo sollte die Besprechung stattfinden? Kann das im eigenen Haus sein oder muss aufgrund der Größe der Teilnehmerrunde ein Raum extern angemietet werden?
3. Gibt es genügend Platz für die Garderobe?
4. Ist eine Pause eingeplant? (Das ist sinnvoll, wenn die Besprechung länger als drei Stunden dauert.)
5. Manchmal empfiehlt es sich, interne Meetings gleich im Stehen abzuhalten, damit es nicht allzu gemütlich wird: Kürze statt Komfort.
6. Das gilt auch für das Servieren von Kaffee, Plätzchen und Imbiss: je gastfreundschaftlicher, desto ausufernder wird die Pause.
7. Welche Technik ist erforderlich (Beamer, PC-Anschlüsse, Leinwand, Flip-Chart, Tafeln, Projektor, Mikrofon, Folienschreiber, Marker, weitere Utensilien)?
8. Der Besprechungsraum sollte die Voraussetzungen für die Technik erfüllen.
9. Ist eine Sitzordnung mit Namensschildern vorgesehen?
10. Es sollte ein grundsätzliches Handyverbot gelten.
11. Erstellen Sie eine Agenda mit einem klaren Besprechungsziel für jedes Meeting und verteilen Sie sie rechtzeitig an die Teilnehmer. So kann sich jeder frühzeitig vorbereiten. Ein Meeting ohne Ziel wird wahrscheinlich zu keinem Ergebnis führen.
12. Eine Anfahrtsbeschreibung mit genauen Angaben zur Lage des Besprechungsortes sollte ebenfalls verschickt werden.
13. Sollte bei der Konferenz mit Streitigkeiten zu rechnen sein, ist es sinnvoll, einen neutralen Besprechungsort zu nutzen.
14. Als Faustregel für kurze Meetings gilt: 10 Minuten Redezeit pro Teilnehmer.
15. Der Einladende sollte die Besprechung einleiten und ein paar Begrüßungsworte an die Teilnehmer richten.
16. Streichen Sie den Punkt »Sonstiges«, denn wenn es etwas zu besprechen gibt, können Sie diese Angelegenheit gleich als einen Besprechungspunkt aufnehmen. Der Punkt »Sonstiges« verleitet dazu, das Gespräch unnötig in die Länge zu ziehen.

17. Fangen Sie pünktlich an und nehmen Sie keine Rücksicht auf Zuspätkommer.
18. Man sollte sich an den vorgegebenen Zeitrahmen halten. Falls man merkt, dass ein Tagesordnungspunkt doch mehr Zeit in Anspruch nimmt, sollte eine extra Besprechung anberaumt werden.
19. Bei größeren Besprechungen ist es sinnvoll, einen Moderator zu benennen, der auf die Zeiteinteilung und den Ablauf achtet.
20. Wird bei ausländischen Gästen ein Dolmetscher benötigt?
21. Wer schreibt das Protokoll?

Die Nachbereitung einer Besprechung ist mindestens genauso wichtig, um zukünftig das Wiederholen von Fehlern zu vermeiden. Dies kann in Form einer Manöverkritik mit den Verantwortlichen passieren. Hier wird erläutert, was gut gelaufen ist und was man in der nächsten Sitzung verbessern kann. Diese Zusammenkunft sollte möglichst bald nach der Besprechung stattfinden, damit alle den Gesamteindruck noch frisch im Gedächtnis haben.

Zur weiteren Nachbereitung einer Besprechung sind folgende Punkte wichtig:

1. rechtzeitiger Versand des Protokolls an die entsprechenden Teilnehmer, Abwesenden und anderen Interessenten zum Nachweis der Vorgänge
2. entsprechende Anlagen und Informationsmaterial nicht vergessen
3. Dankschreiben an den Moderator, Referenten oder Dolmetscher
4. Abrechnung der Kosten für den externen Besprechungsraum und Hilfsmittel
5. Kontrolle der Umsetzung der im Protokoll verteilten Aufgaben

Informationsflut
Kommen wir zu den Fluten an E-Mails und Posteingängen, die jeden Morgen auf Sie warten. Ich frage mich oft, wie das Arbeiten früher ohne E-Mails, geschweige denn ohne Handy und Internet möglich war? Es ging doch irgendwie auch, oder? Mittlerweile geht ohne diese gnadenlosen, rasant schnellen Informationsträger nichts mehr.

Lesen Sie alle Schreiben, die über Ihren Schreibtisch wandern, um immer über den aktuellen Stand der Dinge informiert zu sein. Hilfreich ist es, Protokolle auf jeden Fall querzulesen und auf »To Dos« oder Fristen zu achten, die Sie eventuell weiterverfolgen müssen.

Welche Informationen gehen weiter zum Chef? Was geht direkt in die »Senkrechtablage«, sprich: in den Papierkorb? Wo müssen zunächst die Fachabteilungen eine Stellungnahme erarbeiten, bevor die Angelegenheit dem Chef vorgelegt wird? Was können Sie schon vorbereiten oder delegieren? Auch hier können Sie beispielsweise den Posteingang mithilfe der ABC-Analyse sortieren (muss heute unbedingt erledigt werden – könnte heute erledigt werden oder delegieren – kann verschoben werden).

Wichtig ist es auch, den Chef während seiner häufigen Abwesenheiten über die wichtigsten Ereignisse auf dem Laufenden zu halten, denn Sie fungieren als »Gedächtnis des Chefs«.

All diese Dinge entscheiden Sie, denn Sie sind die

»Informationsmanagerin im Vorzimmer«!

Effektive Protokollführung

»Frau Müller, kommen Sie doch mal schnell mit in die Besprechung und führen Sie Protokoll« – kommt Ihnen diese Situation bekannt vor?

Oft gehört die Protokollführung auch schon grundlegend mit zum Aufgabenbereich der Sekretärin. Vieles muss protokolliert werden: Führungskräftemeetings, Jour fixe, Vorstandssitzungen, Gremiensitzungen, Tagungen, Mitarbeitergespräche …

Protokolle dienen den Teilnehmern als Gedächtnisstütze, für Nichtteilnehmer als Informationsquelle und außerdem als Beweismittel bei Beschlüssen oder Streitfragen. Hier ist es sinnvoll, die »Basics« der Protokollführung zu beherrschen. In den meisten Fällen werden nur die Ergebnisse einer Besprechung festgehalten. Es wird also ein Ergebnisprotokoll geschrieben, das sich aus einem Protokollkopf, einem Haupt- und einem Schlusteil zusammensetzt. Beim Protokollieren ist es wichtig, gut zuzuhören und Wichtiges von Unwichtigem zu unterscheiden.

Nur in Ausnahmefällen wird ein Verlaufs- oder wörtliches Protokoll, in dem jedes Wort genau protokolliert wird, verfasst. Fundierte Stenokenntnisse können hierfür von Vorteil sein. Oft werden diese Besprechungen auf Tonband aufgezeichnet, damit nichts verloren geht. Problematisch ist es dabei nur, den jeweiligen Redner herauszuhören. Dabei sollte der Besprechungsleiter darauf achten, diesen vor jeder Wortmeldung namentlich zu benennen.

Das Ergebnisprotokoll besteht aus den folgenden Punkten:

1. Anlass der Veranstaltung
2. Tag und Veranstaltungsort
3. Teilnehmer und ihre Position
4. entschuldigte Teilnehmer
5. Protokollführer
6. Beginn und Ende der Veranstaltung
7. Tagesordnungspunkte
8. wichtige Fakten/Inhalt
9. Beschlüsse
10. Aktionspunkte (To Dos, wer tut was bis wann?)
11. Ort und Datum der Niederschrift
12. Unterschriften (Vorsitzender und Protokollführer)
13. Verteiler des Protokolls

Das Protokoll wird im Allgemeinen in der Zeitform Präsens geschrieben. Hier werden der chronologische Ablauf, Vereinbarungen, Abstimmungen und Beschlüsse festgehalten. Wie der Name schon sagt, wird hier nur das Ergebnis und nicht das Zustandekommen eines Sachverhaltes wiedergegeben. Dabei ist es wichtig, knapp, sachlich und informierend zu schreiben. Schachtelsätze und subjektive Wertungen sollten vermieden werden. Die Wiedergabe wörtlicher Redebeiträge von Teilnehmern werden als solche mit Anführungszeichen gekennzeichnet. Die indirekte Rede wird aus der Verwendung des Konjunktivs oder die Passivwendung (»es wurde vereinbart ...«, »es wurde festgehalten, dass ...«, »es wurde die Frage gestellt, wann ...«) ersichtlich. Die Einleitungssätze sollten variieren, sonst wirkt es schnell eintönig (»er sagt«, »er betont«, »er hebt hervor«, »sie unterstreicht«, »er diskutiert« ...).

Das Protokoll sollte möglichst zeitnah verfasst werden, damit das Gesagte noch gut in Erinnerung ist. Gehen Sie alle Aussagen noch einmal genauestens durch. Nachdem der Vorsitzende und Sie als Protokollführer das Protokoll unterzeichnet haben, sollte es – ggf. mit Anlagen – an die Teilnehmer und an die Abwesenden verteilt werden.

Tipp

Eine gute Vorbereitung ist das A und O einer erfolgreichen Protokollie-
rung. Deshalb versuchen Sie, sich so gut wie möglich – falls genügend
Zeit ist – inhaltlich in das Thema einzulesen. Klären Sie mit Ihrem Chef,
welche Art von Protokoll erstellt werden soll.

Lassen Sie am Anfang der Sitzung eine Teilnehmerliste herumgehen. Erstellen Sie für sich einen Sitzplan und weisen Sie jedem Teilnehmer eine bestimmte Nummer zu. Somit brauchen Sie in Ihren Notizen die langen
Namen nicht immer auszuschreiben. Nehmen Sie dort Platz, wo Sie alle
Teilnehmer gut hören können.

Nummerieren Sie Ihre Notizblätter, damit sie nicht durcheinandergera-
ten. Lassen Sie am Rand und zwischen den Zeilen genügend Platz für spätere Bemerkungen. Stellen Sie sicher, dass genügend Papier und Schreibma-
terial vorhanden ist.

Verwenden Sie für jeden Tagesordnungspunkt ein neues Blatt. Wichtig
ist, den Verlauf stichwortartig festzuhalten und sich auf die Kernaussagen
zu konzentrieren.

Bei Aktionen oder Aufgaben sollten Sie die genaue Aufgabe, die Verant-
wortlichkeit und den exakten Termin für die Erledigung festhalten. Sie können diese Aktionen auch gut sichtbar am rechten Rand mit dem Zeichen
»WV« für Wiedervorlage oder »To Do« kenntlich machen, um gleich op-
tisch darauf hingewiesen zu werden.

Beschlüsse müssen wörtlich protokolliert werden. Es ist sinnvoll, diese
vor Ort zu wiederholen, um sich von der Richtigkeit zu überzeugen. Sowohl Ja- als auch Nein-Stimmen sollten bei der Abstimmung mitprotokolliert werden.

Im Zeitalter der modernen Technik kann natürlich auch auf einem Lap-
top mitprotokolliert werden. Das geht sogar in einigen Fällen – je nach
Schreibschnelligkeit – einfacher, denn man kann sofort korrigieren und das
Layout des Protokolls auf dem Bildschirm bearbeiten.

Chef-Organisation

Als perfekte Sekretärin sind Sie natürlich bestens organisiert – nur wie sieht es mit den Chefs aus? Haben sie es jemals in all ihren Studien, Trainings und Laufbahnen gelernt, sich selbst zu organisieren? Meistens nicht – aber sonst bräuchten sie Sie ja nicht!

Mit ein paar kleinen Tricks kann man bei desorganisierten Chefs wieder Licht ins Dunkel bringen – allerdings anfangs entgegen aller Euphorie nur mit kleinen Schritten:

Tatort Schreibtisch

Ist Ihr Chef jemand, der Papierstapel liebt und diese mehrmals am Tag auf seinem Schreibtisch von links nach rechts schiebt, sollten Sie versuchen, ihn an einen Ablagekorb auf seinem Schreibtisch zu gewöhnen. Dokumente, die er nicht mehr braucht, gehören dort hinein. Dabei ist es wichtig, ihn von der Bedeutung des Ablagekorbs zu überzeugen: Er ist das jeweilige Dokument los, hat es aus dem Kopf und der Schreibtisch wird obendrein noch übersichtlicher. Loben Sie ihn fleißig, wenn er sich an diese Abmachung hält.

Legen Sie ihm auch einen separaten Posteingangskorb an, damit er sofort sieht, was an neuer Post dazugekommen ist. Auf keinen Fall sollten Sie neue Post einfach auf seinen Schreibtisch legen, dann wäre das Chaos umso größer. Unterstützen Sie Ihren Chef dahingehend, dass Sie ihm die Post im Eingangskorb gleich nach Priorität sortieren. Somit weiß er, dass das Wichtigste gleich obenauf liegt.

Alte Zeitungen und Zeitschriften, die schon über drei Monate alt sind und mit denen man die Wände tapezieren könnte, können getrost entsorgt werden. Stapeln Sie die aktuellsten und geben Sie sie Ihrem Chef ggf. auf eine längere Reise zu lesen mit. Falls Sie vorher genug Zeit dafür haben, können Sie ihm das Wichtigste heraussuchen und markieren. So kann er wertvolle Zeit sparen. Alles andere sollte aber entsorgt werden.

Sinnvoll ist es, Ihrem Chef eine Mappe für eine Besprechung oder Reise anzulegen, in der die wichtigsten Dokumente enthalten sind. Es ist sehr lobenswert, wenn er Ihnen diese Mappe komplett zur Ablage zurückgibt, ohne einzelne Blätter herauszunehmen und zu verstreuen. Bei manchen Chefs ist es aber ratsam, sich immer vorher Kopien von den wichtigsten Unterlagen zu machen oder ihm am besten gleich nur Kopien, auf keinen Fall Originaldokumente mitzugeben. Sollte es Ihrem Chef jedoch gelingen, den Vorgang komplett beieinanderzulassen, loben Sie ihn und zeigen ihm Ihre Freude darüber, dass Sie nun weniger Arbeit mit dem Zusammensuchen der Unterlagen haben. So können Sie Ihre Zeit effektiver für andere Aufgaben nutzen.

Für interne Besprechungen in seinem Büro ist eine beschriftete Hängeregistratur in seinem Schrank hilfreich. Sie können die jeweilige Mappe vor der Besprechung vorbereiten und er braucht sie bei Bedarf nur herauszuziehen. Damit wären wieder lose Dokumente von seinem Schreitisch verschwunden.

Sollte Ihr Chef verschiedene Projekte oder Aufgaben bearbeiten, legen Sie mit ihm gemeinsam für jedes Projekt eine Farbe fest. So können beispielsweise alle Dokumente, die den Jahresabschluss betreffen, in einer roten Mappe oder Klarsichthülle gesammelt werden. Das vereinfacht die Suche auf seinem Schreibtisch, denn er weiß genau, nach welcher Farbe er Ausschau halten muss.

Die Kunst besteht darin, Ihren Chef von den Vorteilen dieser einfachen Organisationstricks zu überzeugen, denn eigentlich hätte er es ja am liebsten so, wie es immer war. Führen Sie ihm die Vorteile für die reibungslosere Zusammenarbeit immer wieder vor Augen, damit er sieht, dass diese neue Struktur Früchte trägt.

Das passiert natürlich nicht von heute auf morgen. Sie brauchen also etwas Geduld – geben Sie nur nicht auf! Am besten halten Sie Ihre Ziele und deren Umsetzung schriftlich fest und arbeiten darauf hin.

Aufschieberitis

Was macht man, wenn der Chef an »Aufschieberitis« leidet und alles in der letzten Sekunde erledigt? Natürlich können Sie ihm vieles vorbereiten, doch wie verhalten Sie sich, wenn die Zeit drängt und Ihr Chef immer noch nicht reagiert hat?

Erläutern Sie ihm anhand eines aktuellen Beispiels, welche Konsequenzen »Last-Minute-Aufträge« nach sich ziehen können. Appellieren Sie an sein Verständnis, denn unter Druck kann auch keine Qualität geliefert werden. Das wiederum wirkt sich auf das Ansehen und den Ruf Ihres Büros oder der Abteilung aus.

Solange immer alles gut läuft und Sie in letzter Minute noch alles »hinbiegen«, sieht der Chef es natürlich nicht ein, warum er längerfristig planen sollte. Im schlimmsten Fall sollte vielleicht mal ein Vorgang seinen negativen Verlauf nehmen – wohl dosiert, versteht sich –, damit sein Bewusstsein für die fatalen Konsequenzen geschärft wird.

Wenn die Zeitplanung Ihres Chefs funktioniert, loben Sie ihn und zeigen ihm auf, wie sehr es Ihnen in Ihrer Organisation hilft, dass er kooperiert. Das wird ihn darin bestärken, seine Aufschieberitis zu bekämpfen.

Arbeiten Sie so viel es geht vor, zum Beispiel bei wiederkehrenden Aufgaben, indem Sie in der Firmenpräsentation die Verkaufszahlen aktualisieren oder ein Antwortschreiben vorformulieren. Eigenverantwortliches Mit- und Vorausdenken macht sich hier bezahlt.

Falls alles nichts nützt, hilft nur noch die härtere Variante: Nerven Sie ihn bei jeder Gelegenheit, indem Sie ihn an die Erledigung der Aufgabe erinnern. Das ist vielleicht die anstrengendste, aber bei den Hartgesottenen die effektivste Art und Weise, zum Ziel zu kommen.

Wenn's mal kracht – Kritik am Chef

Sie sind gerade auf 180! Nicht immer läuft alles reibungslos im Büro. Sie kennen sicherlich auch dieses Gefühl, wenn Ihr Chef Sie mal wieder mit seinem Verhalten zur Weißglut gebracht hat und Sie ihm am liebsten ordentlich die Meinung sagen würden. Wenn er mal wieder ungerecht war (»Bei Ihnen klappt ja nie etwas!«) und Sie für alle Missstände verantwortlich gemacht hat. Er beschuldigt Sie, dass zum Beispiel die Termine maßlos überzogen werden, obwohl Sie das Ende festgesetzt und sogar noch Pufferzeit eingebaut haben? Oder es soll mal wieder alles auf einmal erledigt werden, begleitet von seinem kontrollierenden Blick über die Schulter?

Wie in jeder guten Ehe kracht es hin und wieder auch zwischen Chef und Sekretärin. Das ist kein Wunder, denn schließlich verbringt man täglich eine Menge Arbeitsstunden miteinander.

Ein Donnerwetter reinigt bekanntlich die Luft. Wichtig ist nur, dass nach Regen auch wieder Sonnenschein folgt.

Viele Sekretärinnen ertragen eine negative Situation, weil sie froh sind, überhaupt einen Job zu haben, und fürchten, andernfalls ihren Arbeitsplatz zu verlieren. Dies kann aber nicht der richtige Weg sein, denn man macht sich so leicht zum Spielball des Vorgesetzten. Wenn Sie sich verletzt fühlen, reden Sie offen mit Ihrem Chef, denn nur so können Missverständnisse aus dem Weg geräumt und das Verständnis füreinander hergestellt werden. Aber Vorsicht: Der Ton macht die Musik. Tun Sie den ersten Schritt; Ihr Chef wird Ihnen – in den meisten Fällen – dankbar dafür sein und Sie werden im Nachhinein gelassener mit Kritik umgehen können.

Wie übe ich richtig Kritik an meinem Chef?

Reagieren Sie niemals emotional, wenn Sie sich fürchterlich über etwas geärgert habe. Man sollte lieber etwas Zeit verstreichen lassen, durchatmen oder eine Nacht darüber schlafen, bis sich die Emotionen wieder beruhigt haben. Sonst besteht die Gefahr, dass man aufgrund seiner Wut zu verletzend und abwertend reagieren könnte – am Ende wäre mehr zerstört als gewonnen. Warten Sie aber auch nicht zu lange mit einem klärenden Gespräch, damit der Vorfall dem Chef noch gut in Erinnerung ist.

Führen Sie sich die Situation noch einmal gedanklich vor Augen und legen Sie sich bereits im Vorfeld Stichpunkte zurecht. Zeigen Sie ihm auf, was Sie an der Zusammenarbeit positiv finden, wo es noch Unklarheiten gibt und wo Sie Verbesserungspotenzial sehen.

Bleiben Sie beim Gespräch sachlich, ruhig und höflich, sonst kann der Chef die Kritik schnell persönlich nehmen. Versuchen Sie, mit Sachargumenten zu überzeugen. Lassen Sie sich aber auch nicht von Ihrem Standpunkt abbringen! Dies könnte Ihnen nämlich bei einem rhetorisch geschickten Chef sehr schnell passieren.

Stehen Sie zu Ihren Empfindungen und formulieren Sie diese in Ich-Botschaften (»Ich habe den Eindruck, dass …«, »Ich empfinde das so und so …«). Gefühle sind subjektiv und sollten akzeptiert werden. Man sollte sie als eine Art Feedback betrachten, das man dem Gegenüber gibt.

Vielleicht haben Sie ja auch schon den einen oder anderen Lösungsansatz parat? Mir fällt bei diesem Thema eine Abmachung ein, die ich gemeinsam mit meinem Chef getroffen habe: Jedes Mal, wenn er wieder sein zur Weißglut treibendes Verhalten an den Tag legte, hielt ich ihm eine rote Karte hoch. Durch diese optische Erinnerung wurde er sofort auf sein provozierendes Verhalten aufmerksam gemacht – und es funktionierte!

Manche Chefs haben auch die Unart, einfach in Telefonate hineinzuplatzen, um ihr Anliegen erst einmal loszuwerden. In diesem Fall empfiehlt sich ebenfalls ein kreatives Schild mit der Aufschrift »Ich telefoniere und bin gleich für Sie da!«.

Sollte auch Ihnen mal ein Fehler unterlaufen sein – stehen Sie dazu, denn das zeigt Stärke, Professionalität und Kompetenz! Entschuldigen Sie sich und versuchen Sie, den Fehler nicht noch einmal vorkommen zu lassen. Sie sollten auf keinen Fall versuchen, das Missgeschick zu vertuschen oder auf andere zu schieben, denn damit wird das Vertrauensverhältnis zu Ihrem Chef zerstört. Sehen Sie Kritik als Chance, sich zu verbessern.

Argumentieren Sie nicht mit privaten Gründen oder Schwierigkeiten, wenn Ihre Leistung nicht gut ist, denn damit stehen Sie in einem negativen Licht. Ihre privaten Nöte wie Schwierigkeiten mit den Kindern, Geldsorgen, Scheidungskrieg etc. sind tabu und interessieren auch nur wirklich die wenigsten Chefs.

Wenn Sie spüren, dass Sie die Kontrolle über Ihre Gefühle verlieren, sagen Sie das klar und deutlich und vereinbaren Sie einen neuen Termin für das Konfliktgespräch. Denn nur so können Sie sachlich und ruhig die Dinge besprechen.

Sehen Sie ein Konfliktgespräch als Chance an, Ihre Angst zu überwinden und das Selbstbewusstsein zu trainieren. Letztendlich sind Chefs auch nur Menschen, die ihre Schwachstellen haben. Wichtig ist, dass der Chef ein echtes Interesse daran hat, sich mit Ihnen auszutauschen. Damit zeigt er, dass auch ihm eine gute Zusammenarbeit mit Ihnen am Herzen liegt und er diese auch verbessern möchte, so dass Sie ein perfektes Duo bilden.

Halten Sie sich vor Augen, dass ohne Ihre Unterstützung »die Welt untergeht« und die Chefs im Chaos versinken – wichtig ist, dass es auch diejenigen wissen, für die Sie arbeiten.

Sollten jedoch am Ende alle guten Vorsätze nichts nützen und Sie gesundheitlich unter den immer wiederkehrenden Disputen leiden, sollten Sie ernsthaft über einen Stellenwechsel nachdenken.

So kommen Sie mit jedem Chef klar

Wer ein Warum in seinem Leben kennt,
kann fast jedes Wie ertragen.

(Victor Frankl)

Mein Chef, das unbekannte Wesen – willkommen in der »Höhle des Löwen«.

Chefs ähneln manchmal dem Wetter: heute so, morgen anders, übermorgen wieder so. Aber bekanntlich gibt es kein schlechtes Wetter, sondern nur die falsche Kleidung.

Wie bei den Kollegen herrscht auch bei den Chefs »Typenvielfalt«. Ziel ist es, diese Individuen frühzeitig zu erkennen und mit ihnen entsprechend »artgerecht« umzugehen. Wenn Sie wissen, wie Ihr Chef »tickt«, dann gestaltet sich die Zusammenarbeit umso effektiver! Versuchen Sie herauszufinden, was für ein Typ er ist: eher der Mitmenschliche, mehr der Aufbrausende, der Ungeduldige, der Kontrolleur, der Delegierer oder der Hektische? Wie reagiert er, wenn er entspannt ist oder wenn er unter Stress steht?

Wie sieht er Sie? Welche Erwartungen hat er an Sie? Was ist ihm wichtig? Besteht er auf Pünktlichkeit, Sorgfalt, Kreativität, Diskretion, Fröhlichkeit … Versuchen Sie, so viel wie möglich darüber herauszufinden.

Wie redet er mit Ihnen? Ist er höflich, informiert er Sie permanent oder hält er ständig wichtige Informationen zurück, so dass Sie ihn jedes Mal darauf hinweisen müssen? Auf welche Weise möchte er informiert werden?

Wie ist sein Tagesrhythmus? Ist er eher die Nachteule oder mehr die Lerche, die frühmorgens vor Sonnenaufgang losträllert? Müssen Sie sich auf seinen Turnus einstellen oder lässt er Ihnen freie Arbeitseinteilung?

Was fällt Ihnen besonders an ihm auf? Was sind seine Stärken und seine Schwächen? Wie teilt er sich mit? Ist er eher rational oder mehr visuell oder empathisch veranlagt? Wer zählt zu seinen engsten Mitarbeitern? Mit welchem Menschentyp kommt er gut aus?

Je mehr Sie von ihm wissen, desto harmonischer und konfliktfreier funktioniert die Zusammenarbeit mit ihm.

Es gibt jedoch in jedem Unternehmen die immer wiederkehrenden schwierigen Cheftypen. Hier ein paar klassische Beispiele:

Chaoten

Hansdampf in allen Gassen – innerhalb von Sekunden verbreitet er Hektik und Unruhe! Er betritt morgens schon mit roten Flecken im Gesicht das Büro.

Seine Schlagworte sind »Flexibilität«, »Spontaneität«, »Innovation« und »Geht nicht gibt's nicht« oder »Irgendwie bekommen wir das schon hin«. Der Tag hat sowieso mehr als 24 Stunden – für ihn auf jeden Fall! Was für eine Herausforderung!

Er glaubt, ein Genie beherrsche das Chaos. Sein Schreibtisch gleicht einem Papierhaufen, der gerade mit einem Ventilator aufgewirbelt wurde. Weitere Unterlagen türmen sich auf seinem Sideboard. Doch damit nicht genug: Wenn er sich verbinden lassen möchte und Sie – endlich nach unzähligen Versuchen – den gewünschten Gesprächspartner in der Leitung haben, ist es typisch für ihn, schon wieder selbst den Hörer in der Hand zu halten. Es kann auch durchaus vorkommen, dass er in der Zwischenzeit sein Büro still und leise durch die Hintertür verlassen hat.

Jetzt sind Sie gefragt, sich so charmant wie möglich aus der Affäre zu ziehen!

Darüber hinaus kann er schlecht nein sagen, insbesondere bei Einladungen, da er gern auf jeder Hochzeit tanzen möchte. »Vielen Dank für die Einladung, ich komme natürlich gern, ist doch kein Problem, ich habe doch Zeit …« Hier ist die Sekretärin gefordert, nicht den Überblick zu verlieren und am Ende alles unter einen Hut zu bekommen.

Typisches Beispiel:

»Frau Müller, was ich Ihnen noch sagen wollte: Punkt eins … Punkt zwei … Punkt drei … Punkt vier …« Zehn Minuten später hat er sich wieder alles anders überlegt »Nein, Frau Müller, wir machen das doch lieber anders: Also folgendes: Punkt eins, Punkt zwei …«. Kein Wunder, dass sich Fehler einschleichen, wenn alles dreimal umgestrickt wird.

Versuchen Sie ihm mit Ordnungsmitteln wie Hängemappen, Heftern, Terminplanern, Tagesplänen, Ablage- und Posteingangskorb usw. das Arbeiten zu erleichtern.

Eines ist jedoch sicher: Mit diesen Chefs wird es nie langweilig, denn sie haben immer wieder neue kreative Ideen, mit denen Sie gefordert werden.

Trotzige

»Ich möchte aber auch so einen großen Lolly …« Diese Chefs vergleichen sich ständig mit ihren Mitstreitern, sodass sie immer mithalten wollen. Meistens leiden sie unter geringem Selbstvertrauen und müssen sich durch materielle Statussymbole definieren. Wenn sie ihren Willen nicht gleich bekommen, reagieren sie schnell beleidigt. Leider kann es dann auch etwas dauern, bis sie wieder zum Normalzustand zurückkehren.

Typisches Beispiel:

»Frau Müller, sorgen Sie bitte dafür, dass unser Teppich schnellstmöglich ausgewechselt wird. Der andere Kollege hat einen qualitativ viel höherwertigen in seinem Büro liegen. Und übrigens: Was fährt er denn jetzt eigentlich für einen neuen Dienstwagen?«

Morgenmuffel

Haben Sie eine »Eule« zum Chef? Dann hat für ihn leider keine »Morgenstund Gold im Mund«. Diese Chefs werden erst später aktiv, dafür dann umso mehr. Sie können bis spät in die Nacht hinein arbeiten. Das hat weniger mit Ihnen zu tun, sondern eher mit ihrer Leistungskurve, sprich: ihrem Biorhythmus. Daher haben sie tendenziell morgens chronisch schlechte Laune.

Typisches Beispiel:

Die Tür geht morgens auf, Ihr Chef kommt ins Büro und brummelt unverständlich »Morgen« vor sich hin, Tür geht wieder zu. Danach herrscht erstmal Ruhe.

Sehen Sie es positiv: So können Sie in Ruhe morgens erstmal Ihre Arbeiten erledigen – Sie werden bestimmt nicht gestört werden. Sollte doch ein wichtiges Gespräch notwendig sein, wundern Sie sich nicht, wenn nur ein leises oder eher unfreundliches Echo zurückkommt. Das legt sich ab Mittag! Spätestens dann sind diese Chefs wieder umgänglich und zu Scherzen aufgelegt.

Um ständig Überstunden zu vermeiden, sollten Sie Ihre Arbeitszeit der Ihres Chefs anpassen. Vielleicht können Sie eine Kollegin bitten, die morgens früher kommt, Ihr Telefon zu übernehmen. Zum Ausgleich sind Sie dafür abends länger im Büro.

Löwen

Wenn er losbrüllt, wackeln die Wände! In Sekundenschnelle hängt er an der Decke und schreit unwillkürlich los, wenn etwas nicht so funktioniert, wie er es sich vorstellt. Es kann sich dabei durchaus nur um Kleinigkeiten handeln. Als sei in seinem Hirn ein Schalter umgelegt worden, fängt er an zu brüllen und zu toben. Dabei stört es ihn überhaupt nicht, wenn noch andere Personen um ihn herum sind. Er will in dem Moment eigentlich nur seinen ganzen Frust loswerden. Meistens bekommen es dann diejenigen ab, die gerade da sind. Damit meint er es gar nicht persönlich – er kann nur nicht anders seine Emotionen zeigen!

Typisches Beispiel:

Sie haben zum zweiten Mal seinen Brief korrigiert und er entdeckt erneut einen Rechtschreibfehler – peng, schießt er an die Decke und brüllt laut: »Ständig machen Sie Fehler. Können Sie denn nie fehlerfrei arbeiten?«

Tipp

Lassen Sie ihn ausbrüllen und warten Sie den ersten Sturm ab. Dagegen anbrüllen bringt nichts – im Gegenteil, es könnte noch schlimmer werden. Lassen Sie sich nicht verunsichern und zeigen Sie Selbstbewusstsein. Setzen Sie ganz klar eine Grenze, indem Sie dieses Verhalten einfach ignorieren und sich nicht auf die gleiche Stufe begeben, denn wer schreit, hat schon verloren. Am besten verlassen Sie sofort den Raum und teilen Ihrem Chef mit, dass Sie später in Ruhe mit ihm reden.

Wenn der Löwe sich ausgetobt hat, wird er wieder handzahm und man kann konstruktiv mit ihm kommunizieren. Sagen Sie ihm, dass Sie sein Verhalten sehr verletzt hat und dass Sie so einen Wutanfall nicht noch einmal erleben möchten, da dieser zu nichts führt. Manchmal ist ihm gar nicht bewusst, dass er seine Mitarbeiter mit seiner Schreierei in Angst und Schrecken versetzt. Ihr Apell wird wahrscheinlich nicht sofort fruchten, aber »steter Tropfen höhlt den Stein«. Lassen Sie sich nicht einschüchtern.

Meistens sind diese Cheftypen ganz liebenswürdige und hilfsbereite Menschen, von denen man das »letzte Hemd« bekommt. Sie nehmen Anteil an der Freude und Trauer anderer Menschen und versuchen, ihre Hilfe anzubieten, so weit es ihnen möglich ist.

Ignoranten

Diese Chefs bekommen von der Welt ihrer Mitarbeiter leider nicht genug mit. Sie wissen meistens nicht, was ihre Mitarbeiter den ganzen Tag leisten, geschweige denn, was sie empfinden. Daher ist es auch nicht verwunderlich, dass sie schwer nachvollziehen können, warum die Mitarbeiter sich beschweren, resignieren und am Ende sogar kündigen.

Diese Chefs vermitteln den Eindruck, in ihrer eigenen (Arbeits-)Welt zu leben und vor sich hinzuarbeiten. Sie haben keine Zeit oder Lust, sich um ihre Mitarbeiter zu kümmern – geschweige denn, sie über Neuigkeiten auf dem Laufenden zu halten. Sie mischen sich auch nicht ein und haben einen Laissez-faire-Führungsstil, indem sie ihre Mitarbeiter einfach machen lassen. Leider sind solche Menschen eher nicht als Führungskräfte geeignet, da sie weder die Fähigkeit besitzen, ihre Mitarbeiter zu motivieren noch, sie zu führen.

Typisches Beispiel:

Ein Mitarbeiter legt dem Chef wortlos seine Kündigung auf den Tisch. Der Vorgesetzte schaut verdutzt und fragt sich anschließend: »Was, der Mitarbeiter hat gekündigt – wie konnte das bloß passieren? Das ist jetzt aber ein äußerst ungünstiger Zeitpunkt.«

Tipp

Falls Sie es mit so einem Chef zu tun haben, müssen Sie hart dafür kämpfen, seine Aufmerksamkeit zu gewinnen und Zugang zu seiner Welt zu bekommen. Bleiben Sie ständig am Ball und versuchen Sie so oft wie möglich mit ihm ins Gespräch zu kommen. Haben Sie es doch geschafft, können Sie sich einer harmonischen Zusammenarbeit sicher sein.

Schweiger

Reden ist Silber, Schweigen ist Gold lautet seine Handlungsmaxime. Meistens lächelt er nur mit geheimnisvollem Blick oder nickt verständnisvoll. Wenn er in einer Besprechung dann endlich etwas sagt, hängen alle Teilnehmer andächtig an seinen Lippen.

Dieser Cheftyp arbeitet gern im Hintergrund und ohne großes Aufsehen. Leider kann es mit ihm manchmal sehr schwierig sein, Informationen auszutauschen – von denen Sie ja im Sekretariat abhängig sind. Er verfolgt Ihre Arbeit mit Argusaugen, hält sich aber mit Lob und Kritik gern zurück.

Typisches Beispiel:
Sie arbeiten gerade an einer Präsentation, für die Sie sich jede fehlende Information mühsam in den Abteilungen erfragt haben. Ihr Chef kann es kaum abwarten und steht schon hinter Ihnen. »Frau Müller, ist die Präsentation schon fertig? Ich kann ja so lange hier darauf warten.«

Tipp

Sind die Informationen zu wenig, sollten Sie ihm dieses Problem unbedingt aufzeigen und ihn davon überzeugen, dass diese ganz wichtig für Ihre Zusammenarbeit sind, um ihn tatkräftig und effektiv unterstützen zu können (»Ich brauche diese Information, um das und das schneller organisieren zu können ...«).

Entertainer
»The Show must go on – wir sind die Besten!"

Das Motto dieses Cheftyps könnte lauten: Tue Gutes und rede drüber! Erzähle jedem, wie wichtig du bist und dass die Firma ohne dich sowieso »den Bach 'runtergeht«. Er ist wie ein Pfau, der sein Gefieder spreizt, um auf sich aufmerksam zu machen.

Diese Chefs können ihre Mitarbeiter gut unterhalten, motivieren und ihnen ein Wir-Gefühl vermitteln (»Das haben wir wieder ganz grandios hinbekommen ...«). Jedoch steckt manchmal nur heiße Luft dahinter! Wenn man wirklich einmal auf eine vereinbarte Aussage zurückkommt, kann es sein, dass es zu diesem Zeitpunkt bei ihm wieder ganz anders aussieht.

Sie reißen jede Idee an sich und bewegen viel. Sie leben meistens in der Zukunft und haben Visionen. Stillstand ist tödlich für sie. Sie müssen immer Gewusel um sich herum haben und Dinge vorantreiben. Diese Chefs schätzen Mut und Risikobereitschaft. Falls diese Typen noch mit chaotischen Grundzügen ausgestattet sind, kann es sowieso nie langweilig werden.

Typisches Beispiel:

Der Chef sagt zu seinen Mitarbeitern am Ende einer Abteilungsbesprechung: »Leute, dieses Jahr erreichen wir die vorgegebenen Umsatzzahlen. Das wär doch gelacht, wenn wir das nicht hinbekämen. Und jetzt alle ab an die Arbeit!«

Tipp

Wenn man Action mag und selbst voller Tatendrang ist, sind diese Chefs genau die richtigen Ansprechpartner. Man braucht jedoch starke Nerven. Sollte er in Ihnen eine Gleichgesinnte finden, fühlt er sich wohl in seiner Haut.

Strategen

Er weiß sich gekonnt in Szene zu setzen, indem er seine eigene Strategie anwendet, denn er plant alles bis ins Detail. Er kann meistens gut mit Menschen umgehen und ihre Reaktionen vorausahnen.

Sein Führungsstil ist eher autoritär. Er liebt Genauigkeit und stellt hohe Anforderungen an seine Mitarbeiter. Der Stratege gibt gern Anweisungen, trifft Entscheidungen und kontrolliert gern. Seinen Respekt muss man sich erst einmal hart erarbeiten – Vorschusslorbeeren gibt es bei ihm nicht.

Von ihm kann man viel lernen, wenn man genau hinsieht. Meistens ist er noch dazu ein versierter Redner, der manchmal dazu neigt, vor allem über sich zu sprechen.

Eigentlich bräuchten diese Chefs keine Sekretärin, wenn sie denn genug Zeit hätten, das Organisatorische und die Vorbereitungen selbst zu erledigen – doch der Tag hat leider für sie auch nur 24 Stunden.

Typisches Beispiel:

»Frau Müller, wenn Sie schon hier sind, können Sie mir doch mal eben rasch die vollständigen Namen unserer Aufsichtsratsmitglieder nennen – so wie ich Sie kenne, beherrschen Sie das doch bestimmt aus dem Effeff.«

Erbsenzähler

Er liebt Statistiken, Zahlen und Bürokratie. Er besitzt umfangreiches Fachwissen und hält sich gern an Regeln und Normen. Möchten Sie sich bei ihm beliebt machen, legen Sie ihm die aktuellen Gutachten und Hochrechnungen auf den Tisch.

Werden Sie bei ihm nur nicht sentimental, denn er ist eher zugeknöpft und gibt selten seine Gefühle und Privates preis. Für ihn steht die Arbeit im Vordergrund und seine Mitarbeiter sieht er als ausführende Organe.

Meistens fühlen sich diese Chefs in der Buchhaltung pudelwohl, wo sie mit Soll- und Ist-Zahlen jonglieren können. Zum Lachen wird übrigens in den Keller gegangen.

Sein Schreibtisch ist stets aufgeräumt und die Zettel an der Pinnwand wirken so, als sei jeder einzelne mit der Wasserwaage aufgehängt worden. In seinem Büro herrscht Zucht und Ordnung.

Typisches Beispiel:

»Frau Müller, die Statistik muss unbedingt noch auf den neuesten Stand gebracht werden, die Zahlen sind nämlich von letzter Woche. Und vergessen Sie bitte nicht, mir die neueste Organisationsanweisung vorzulegen.«

Bremser

»Um Gottes willen – nichts Neues! Wir haben das schon immer so gemacht«, könnte der Leitsatz des Bremsers sein.

Er scheut Innovationen und hält gern an alten Zöpfen fest. Meistens ist er in seiner Arbeitsweise sehr umständlich. Es kommt vor, dass Vorgänge wochenlang auf seinem Schreibtisch liegen bleiben. Somit werden Entscheidungen ständig aufgeschoben, denn es könnte ja noch ein Fehler passieren. »Damit warten wir noch etwas …« Also kommt am Ende immer ein »Jein« heraus.

Typisches Beispiel:
»Wie, das Betriebsfest soll dieses Mal woanders stattfinden? Das muss doch eigentlich nicht sein. Hinterher geht noch etwas schief. In Anbetracht dieser Tatsache, meine ich eventuell vielleicht doch – ach, das ist mir alles zu risikoreich. Ich muss noch einmal in Ruhe darüber nachdenken. Lassen Sie uns morgen vielleicht noch einmal darüber reden, Frau Müller.«

Tipp

Bei diesem Cheftyp braucht man keine unangenehmen Überraschungen zu fürchten. Sehen Sie es daher positiv: Ihr Arbeitsalltag verläuft etwas ruhiger!

Besitzergreifende
Sie haben das Gefühl, die Leibeigene zu sein? Dürfen Sie sich kaum aus dem Büro entfernen, geschweige denn Urlaub nehmen? Wenn Sie mal frei haben möchten, dann müssen Sie mehrfach darum bitten und argumentieren, warum auch Sie mal Erholung bräuchten.

Zudem werden Sie es schwer haben, für einen solchen Chef eine Urlaubsvertretung für sich zu finden, denn an jeder anderen Sekretärin hat er etwas auszusetzen. Wenn dann tatsächlich der letzte Arbeitstag vor dem Urlaub ansteht, passiert es gern, dass diese Chefs mit süffisanten Bemerkungen daran erinnern, dass sie ja jetzt eine ganze Weile ganz alleine ohne Sie zurechtkommen müssten. Auch wenn dies nervig ist – sehen Sie das als verstecktes Kompliment!

Typisches Beispiel:
Sie haben endlich Ihren wohlverdienten Urlaub geplant und bitten Ihren Chef, den Urlaubsschein zu unterschreiben: »Wie, haben Sie etwa immer noch Urlaubstage? Wie geht das denn? Sie können mich doch nicht einfach hier allein lassen. Wie soll das alles ohne Sie funktionieren? Da müssen wir aber eine andere Lösung finden.«

Tipp

Diesen Chefs muss man frühzeitig klare Grenzen setzen. Sie sind alle schon erwachsen und können auch mal alleine zurechtkommen. Hat man jedoch immer Rücksicht auf ihre Befindlichkeiten genommen und ist die Situation erst einmal eingefahren, ist es sehr schwierig, das Ruder wieder herumzureißen.

Versuchen Sie es dann mit einem verständnisvollen Gespräch und teilen Sie Ihre Bedürfnisse mit, auf die Sie ein Recht haben.

Softies

»Hust, hust – ich bin schon wieder erkältet« oder »Sie machen das schon irgendwie!«

Diese Chefs haben meistens kein Rückgrat, wollen keine Verantwortung übernehmen, können nicht delegieren und scheuen Konflikte. Sie wollen sich nicht unbeliebt machen und den Chefstatus »'raushängen« lassen. Auf der einen Seite ärgern sie sich über ihre Mitarbeiter und regen sich bei ihrer Sekretärin über diese auf. Wenn die Betroffenen dann aber vor ihnen stehen, sind sie auf einmal »zuckersüß« und aller Ärger ist verflogen. Leider kann man von ihnen selbst auch keinerlei Unterstützung erwarten. Manchmal möchte man sie schütteln, um ihnen zu sagen, dass sie doch der »Chef im Ring« sind – aber es hat meistens keinen Zweck.

Nebenbei haben sie aber bestimmt auch ihre liebenswerten Seiten. Sie sind freundlich und haben meist für alle ein offenes Ohr. Am Ende ist ein »Softie« bestimmt angenehmer als ein Choleriker!

Typisches Beispiel:

Sie brauchen die Unterstützung Ihres Chefs bei der Durchsetzung eines Projektes. Dieser hat keine Lust, sich damit auseinanderzusetzen: »Sie bekommen das schon irgendwie hin. Sprechen Sie einfach Herrn XY an und dann klappt das schon. Nur Zuversicht, Frau Müller.«

Undankbare

»Danke« ist für ihn ein Fremdwort und existiert nicht in seinem Wortschatz. Wenn er nicht kritisiert, kann man das automatisch als Lob anerkennen.

Alles wird von ihm als selbstverständlich angesehen: die reibungslose Organisation seiner mehrwöchigen Auslandsreise, die Koordination seiner privaten Termine, das Erstellen eine Präsentation in letzter Minute, der perfekte Ablauf einer Konferenz usw. Schließlich werden Sie ja auch für Ihre Arbeit bezahlt. Leider ist das Resultat seiner gleichgültigen Art, dass die Mitarbeiter ständig demotiviert sind.

Typisches Beispiel:

Sie legen Ihrem Chef alle wichtigen Sitzungsunterlagen vor und sind stolz darauf, dass Sie noch alles so pünktlich in letzter Minute geschafft haben. Er würdigt Sie keines Blickes und macht nur die Randbemerkung »Das kann heute länger werden.«

Nörgler

Diese Chefs verbreiten schlechte Laune. Nichts ist ihnen gut genug. Die Konsequenz ist, dass die Mitarbeiter am Ende völlig demotiviert sind und nur noch schlechte Arbeit abliefern. Oft ist die Kritik dieser Chefs nicht konstruktiv, sondern nur von harten und unfairen Worten geprägt. Falls doch mal etwas gut gelaufen ist, wird dies meistens ignoriert.

Typisches Beispiel:
Sie haben Ihrem Chef ein Schreiben vorbereitet: »Also Frau Müller, so geht das doch nicht, das versteht doch niemand. Sie müssen diesen Text umgehend wieder ändern und achten Sie darauf, dass er mittig steht.«

Tipp

Bitten Sie Ihren Chef in einer passenden Minute um ein Gespräch und teilen Sie Ihre Gefühle mit. Manchmal ist er sich seiner demotivierenden Worte gar nicht bewusst. Halten Sie ihm vor Augen, dass Sie sich über ein gelegentliches Lob oder konstruktive Kritik freuen würden. Nur so können Sie sich wirklich verbessern. Führen Sie ihm vor Augen, dass es sich bei einer freundlichen Arbeitsatmosphäre viel leichter arbeiten lässt. Damit wird gleichzeitig seine Laune gehoben. Vielleicht geht es auch ihm damit besser?

Es gibt natürlich auch »Misch-Cheftypen«, die man nicht fest einordnen kann, da sie von jeder klassischen Charaktereigenschaft etwas mitbringen.

Aus meiner Berufserfahrung hinsichtlich der Zusammenarbeit mit den verschiedenartigsten Cheftypen komme ich immer wieder zu folgendem Schluss:

Am Ende muss die Chemie zwischen Ihnen und Ihrem Chef stimmen!

Chefs sind auch nur Menschen und haben ihre wunden Punkte. Daher kann kein Chef perfekt sein.

Wenn Sie ihn nicht riechen können, ist Hopfen und Malz verloren. Das merkt man meistens schon beim ersten Vorstellungsgespräch. Man sollte seiner Intuition vertrauen, da das Unterbewusstsein einen großen Einfluss auf das Denken hat. Es braucht meist nur zehn Sekunden, um einen ersten Eindruck von einem Menschen zu bekommen. Hier entscheiden sich Sympathie oder Antipathie. Eine Entscheidung ist dann für Sie richtig, wenn Sie ein gutes Gefühl haben.

Manchmal kann man es sich nicht erklären, warum man jemanden unsympathisch findet. Sind es Assoziationen zu einem Menschen, den man nicht leiden kann, oder ist es die Mimik, Gestik oder der Geruch? Fest steht, wenn man sich von Anfang an unwohl fühlt, sollte man die Zusammenarbeit noch einmal überdenken.

Man sollte sich auch nicht vom vielleicht verlockenden Gehalt blenden lassen, denn was nützt einem ein erstmal gut bezahlter Job, wenn man anschließend mit Magenschmerzen nach Hause geht?

Sind jedoch ein grundsätzliches Verständnis und Sympathie vorhanden, sind Sie viel eher bereit, Ihrem Chef entgegenzukommen. Sie können sich leichter in seine Gedankenwelt hineinversetzen. Sie wissen, auf welche Ziele er hinarbeitet und was ihm dafür wichtig ist. Im Gegenzug erhalten Sie auch von seiner Seite die entsprechende Unterstützung, um Ihre Arbeit zu Ihrer und seiner Zufriedenheit zu erledigen. So entwickelt sich mit der Zeit ein reibungsloses Zusammenspiel.

Ein gutes Gefühl für die Anforderungen und Denkweise des Chefs stärkt ebenfalls die eigene Position: Man kann seine Kompetenzen sichtbarer machen und den Vorgesetzten, statt ihn mit Problemen zu konfrontieren, nun mit Ratschlägen und Empfehlungen unterstützen.

Das gemeinsame Ziel sollte es sein, sich gut zu ergänzen: Seine Stärken zu kennen und seine Schwächen auszugleichen. So tragen Sie als eingespieltes »Dreamteam« zum Unternehmenserfolg bei.

»Liebe« Kollegen – Fluch oder Segen?

Die »lieben« Kollegen gehören natürlich auch zu Ihrem Arbeitsalltag – sowohl die Netten als auch die weniger Netten, die Schwierigen wie auch die Zugänglicheren. Willkommen im Karussell der Charaktere!

In diesem Beruf hat man mit verschiedenen Menschentypen zu tun, auf die man sich einstellen sollte. Bestimmt haben Sie sich auch des Öfteren schon über den einen oder anderen Kollegen geärgert. Kleine Streitereien kommen in jedem Büroalltag vor. Nicht umsonst wird das Sekretariat häufig auch gern mit einer Psychopraxis verglichen. Zunächst kann man die Kollegen grundsätzlich in zwei große Kategorien einteilen:

»Energiespender«

Sie sind hilfsbereit und denken positiv. Man kann sich mit ihnen austauschen, konstruktiv zusammenarbeiten, von ihnen Ratschläge einholen und voneinander lernen. Es macht Spaß, diese Kollegen um sich zu haben, da sie eine echte Bereicherung sind.

Seien Sie froh, wenn Sie solche in Ihrem Arbeitsumfeld haben. Hegen und pflegen Sie diese Kontakte, denn mit ihnen kann man viele Ziele erreichen und Erfolge feiern.

»Energieräuber«

Als Pendant hierzu gibt es die »Energieräuber«, die ewigen Jammerer und Negativdenker, die sich ständig als Opfer ihrer Umwelt sehen. Sie stehen sich meist selbst im Wege. Auch mit diesen Charakteren sollten Sie zurechtkommen. Versuchen Sie, diesen Kollegen Ihre Hilfe anzubieten und ihnen bei ihrer Problemlösung behilflich zu sein.

Aber Vorsicht: Tun Sie dies nur, so weit Ihre eigenen Kapazitäten gehen! Sie müssen schließlich auch Ihre Arbeit schaffen und können nicht ständig als »Tankstelle« fungieren. Manche Kollegen möchten eigentlich gar keine Hilfe annehmen, da sie sich in ihrer Opferrolle pudelwohl fühlen. Sollten Sie merken, dass Sie ausgenutzt werden, versuchen Sie, den Kontakt auf das Nötigste zu reduzieren.

Gehen wir nun näher auf die ganz speziellen Fälle ein, die man in fast jedem Büro antrifft:

Selbstherrliche

Diese Menschen versuchen ihre Schwächen und ihr mangelndes Selbstwertgefühl mit Kompetenzgehabe zu kompensieren. Sie sind die Superstars. »Die guten Ergebnisse haben Sie natürlich nur mir zu verdanken ...« oder »Ich allein hatte die ganze Arbeit mit der Organisation ...« könnte eine ihrer Aussagen sein. Meistens müssen sie auch noch das letzte Wort haben, um das Gefühl zu verspüren, am längeren Hebel zu sitzen. Sie können es nicht ertragen, nicht im Mittelpunkt zu stehen.

Tipp

Wenn Sie diese Menschentypen einmal durchschaut haben, verstehen Sie ihr System und dann können sie Ihnen nichts anhaben. Geben Sie ihnen das Gefühl, wichtig zu sein (»Jawohl, Herr Oberwichtig, wenn wir Sie nicht hätten ...«).

Angeber

Hoppla – hier komme ich, Platz da! Diese Kollegen hören Sie schon meilenweit voraus – im Extremfall an den Metallplatten unter ihren Schuhen, mit denen sie sich schon allein akustisch von der breiten Masse abheben. Sie strotzen nur so vor Selbstverliebtheit. Ihr Aussehen und ihr Eindruck sind ihnen sehr wichtig. Am liebsten könnten sie den ganzen Tag nur von sich und ihren herausragenden Leistungen erzählen. »Was wäre die Firma nur ohne mich ...?«, könnte ihr Leitspruch sein. Sie haben Probleme, sich zu integrieren, und überspielen diese Schwäche gern mit ihrer Arroganz.

Tipp

Lässt man sie in ihrem Glauben, kann man mit ihnen wirklich Spaß haben und sogar ihre Hilfe erfahren. Sie müssen nur entsprechend danach fragen: »Könnten Sie das übernehmen? Sie können das doch sowieso am besten!« Ansonsten lassen Sie sich von ihrer Selbstherrlichkeit nicht beeindrucken und um den Finger wickeln!

Hinterhältige

Immer haben sie ein breites Grinsen im Gesicht, als ob sie niemandem etwas zuleide tun könnten. Nach vorn lächeln sie, nach hinten stechen sie und verbreiten Unwahrheiten. Dabei wirken sie anfangs sehr vertrauenswürdig und mitfühlend.

Tipp

Wenn Sie solche Kollegen wahrgenommen haben, nehmen Sie sich vor ihnen in Acht und versuchen Sie, ihnen keine Angriffsfläche zu bieten. Sie sind in einer Position, wo man Gefahr läuft, viele Neider zu haben. Gerade Frauen unter sich können manchmal sehr gnadenlos sein.

Sollte ein Disput doch einmal unvermeidbar sein, ist es immer hilfreich zu wissen, dass der Chef hinter einem steht.

Hübsche

Sie sind der Farbtupfer der Abteilung. Sie legen sehr viel Wert auf ihr Äußeres und gehen immer mit der neuesten Mode. Auch wenn es mit der Technik mal hapert, verstehen sie es, sich entsprechende Hilfe zu holen. Sie sind flexibel und können gut auf Menschen zugehen. Leider werden ihre Qualitäten von den anderen meist nur darauf reduziert.

Tipp

Da ihre Stärken in ihrem Ideenreichtum und Entertainment im Büroalltag liegen, sollten Sie ihnen positiv gegenüber stehen.

Launische

Was hat sie/er wohl heute wieder für eine Laune? Man kann es gar nicht verstehen: Gestern hat man sich doch noch so nett unterhalten und heute bekommt man nur noch eine knappe Antwort – begleitet von einem Blick nach dem Motto »Sprich mich ja nicht an …«. Ihre Launen sind so wechselhaft wie das Wetter und dies wird auch jedem unmissverständlich mitgeteilt.

Umgarnende

Niemals wagen sie es, Kritik an anderen zu üben, und zeichnen sich eher als Ja-Sager aus. Sie machen Ihnen ständig Komplimente und erzählen Ihnen, wie toll Sie doch seien. Sie machen Ihnen den Hof und hinterlassen häufig eine »Schleimspur«. »Warum duzen wir uns nicht?« könnte am Ende die Frage sein.

Sie horchen auch gern aus, um über den neuesten Stand der Dinge informiert zu sein. Häufig bringen diese Kollegen auch kleine Aufmerksamkeiten mit, um sich beliebt zu machen.

Egoisten

Es läuft immer auf das Gleiche hinaus: Alles muss so laufen, wie sie es sich vorstellen. Sie denken ständig und immer nur an ihre Interessen und an ihr Wohlergehen (»Ich habe aber jetzt keine Zeit dafür. Ich habe etwas Wichtigeres zu tun …«). Sie bieten nur Hilfestellung, wenn sie sich einen Vorteil davon versprechen. Falls es nicht nach ihrer Nase läuft, spielen sie dazu noch tagelang beleidigt.

Hier hilft nur Diplomatie. Versuchen Sie mit diesen Kollegen einen Deal zu vereinbaren: »Heute kannst du bestimmen, dafür wird aber morgen mein Vorschlag angenommen.«

Sensible

Diese Kollegen können überhaupt keine Kritik vertragen und sehen jede Äußerung über ihre Arbeit sofort als persönlichen Angriff. Sie reagieren gekränkt und beleidigt. Als Konsequenz zeigen sie ihre kalte Schulter, sind zickig und schmollen. Dabei sind sie meist die Ersten, die andere kritisieren und die austeilen.

Versuchen Sie, diese Kollegen nicht immer mit Samthandschuhen anzufassen, sondern ihnen aufzuzeigen, dass sie auch nicht perfekt sind und aus ihren Fehlern nur lernen können. Außerdem: Wer austeilt, muss auch einstecken können.

»Klatschtanten«

Ihnen entgeht nichts! Sie sind die Petzen des Unternehmens. Und wenn es nichts zu berichten gibt, dann wird eben etwas erfunden (»Hast du schon gehört …?«). Sie brauchen das Gespräch wie die tägliche Luft zum Atmen. Es handelt sich meist um unsichere und unzufriedene Menschen, die sich freuen, wenn sie mal einen Fehler bei ihren Kollegen aufdecken. Sie fühlen sich wichtig, wenn sie dann Neuigkeiten verbreiten können.

Meistens haben solche Kollegen auch nicht das höchste Arbeitspensum und vertreiben sich mit ihrer Schwätzerei ihre Langeweile.

Wer es ständig nötig hat zu klatschen, kann einem nur leidtun. Versuchen Sie, nicht mit ihnen ins Gespräch zu kommen, denn: Wer mittratscht, ist irgendwann selber mal an der Reihe! Am Ende ist nur noch Angriff die beste Verteidigung. Sprechen Sie die betreffende Person unter vier Augen direkt an und fragen Sie nach der Ursache des Gerüchtes.

Streber

Wer kennt sie nicht noch aus der Schulzeit – die Streber, auch als Schleimer bekannt. Am liebsten würden sie beim Lehrer bzw. Chef auf dem Schoß sitzen und ihre Lorbeeren einheimsen. »Guck mal, Chef, habe ich das nicht toll gemacht?« Das passiert leider meistens auf Kosten der anderen Kollegen.

Tipp

Versuchen Sie, diese Kollegen so gut es geht zu ignorieren. Und falls Sie es doch einmal mitbekommen, dass diese sich mal wieder mit fremden Federn schmücken, wirkt es befreiend, sie auch zur Rede zu stellen.

Dauergestresste

»Nein, das geht jetzt aber gar nicht! Ich habe sooo viel zu tun!« – Kennen Sie solche Antworten? Hier handelt sich um die Dauergestressten. Sie verbringen so viel Zeit damit überall zu erklären, warum sie keine Zeit haben, dass am Ende kaum noch Zeit zum Arbeiten bleibt.

Tipp

Diese Kollegen sind leider nicht sehr teamorientiert – vielleicht sollten Sie bei ihrem Hilfeaufruf auch mal sooo viel zu tun haben?

Dominante

Sie haben alles im Griff. Sie übernehmen gern die Verantwortung und sind an der Erhaltung ihrer Macht interessiert. Sie schätzen andere Kollegen, aber nur, solange diese ihre Position stärken und auf ihrer Seite stehen. Die Konkurrenz wird rechtzeitig angegangen, nach dem Motto: »Ich bestimme hier und werde auch alles dafür tun, dass das so bleibt«. Sie haben meist einen durchdringenden Blick und ein formelles Auftreten.

Tipp

Respektieren Sie ihren Status, verhalten Sie sich aber nicht zu unterwürfig. Man sollte ihnen aufmerksam zuhören und auf gleicher Augenhöhe begegnen, indem man eine aufrechte und wache Körperhaltung einnimmt. Wichtig ist es, sich nicht von ihnen in die Ecke drängen zu lassen.

Pessimisten

Das Glas ist natürlich immer halb leer statt halb voll. Sie sehen ständig zuerst das Negative an einem Projekt und ziehen die anderen Kollegen meist mit in dieses Stimmungstief. »Ach, das geht doch sowieso wieder schief …«. Wann immer man sie trifft, haben sie etwas auszusetzen. Durch ihre negative Sicht sind sie oft Bremser und verunsichern andere Kollegen. Sie selbst halten sich jedoch am liebsten aus Schwierigkeiten heraus. Damit ist sichergestellt, dass die anderen immer Schuld haben.

Tipp

Gehen Sie nicht darauf ein und halten Sie diesen Kollegen auch mal vor Augen, wenn etwas gut gelaufen ist und ein Projekt erfolgreich war. Fragen Sie sie, warum sie immer alles so negativ sehen. Vielleicht stecken begründete Zweifel dahinter.

Lieber ein Optimist, der sich mal irrt, als ein Pessimist, der ständig recht hat.

Notorische Zuspätkommer

Sie sind um keine Ausrede verlegen – irgendetwas fällt ihnen immer für ihre Verspätung zur Besprechung ein: »Es war mal wieder Stau auf der Autobahn«, »Der Zug hatte wieder Verspätung«, »Meine Frau hatte noch ein Problem«, »Die Kinder sind schuld«, »Das Auto sprang nicht an« usw.

Tipp

Um den anderen Kollegen Respekt zu zollen, sollte man einfach ohne Zuspätkommer anfangen, in der Hoffnung, dass sie es irgendwann einmal lernen und es ihnen unangenehm wird. Vielleicht sollten diese Kollegen ihre Uhr einfach ein wenig vorstellen, dann wären sie – fast – immer pünktlich.

Es gibt bestimmt noch eine ganze Reihe von typischen Charakteren, mit denen Sie im Sekretariat zusammenarbeiten.

Wichtig dabei ist, dass Sie versuchen, mit ihnen auf eine respektvolle Weise typgerecht umzugehen, da die Zusammenarbeit mit allen Kollegen sehr wichtig ist. Gegenseitige Toleranz sowie Respekt und Dialogfähigkeit sind das Wichtigste für den Umgang miteinander. Falls die Zusammenarbeit mit einem Kollegen schwerfällt, konzentrieren Sie sich gezielt auf seine positiven Eigenschaften. Man selbst ist ja auch nicht perfekt und sollte daher versuchen, die Menschen so zu nehmen, wie sie sind – auch wenn es manchmal schwerfällt. Aber genau das ist doch eine der Herausforderungen im Sekretariat!

Nehmen Sie die Menschen, wie sie sind, andere gibt's nicht!
(Konrad Adenauer)

Sekretärinnentypen

Jetzt fehlt zur »idealen Besetzung« im Büro nur noch die passende Sekretärin! Auch hier gibt es typische Charaktere, die sich durch ihre Besonderheiten auszeichnen: Frauenpower in allen Facetten! Letztendlich ist es entscheidend, dass der Deckel auf den Topf passt und Chef und Sekretärin es verstehen, sich aufeinander einzustellen. Entscheidend dafür sind die Stärken der einzelnen Sekretärinnentypen, die die jeweiligen Schwächen der Chefs ausgleichen. Hier einige »augenzwinkernde« Beispiele aus den Vorzimmern der Chefetagen:

Frontkämpferinnen

Ja, es gibt sie wirklich noch – die Vorzimmergarde. Meistens verkörpern sie noch die hohe Schule der Sekretärin der älteren Generation. Sie sind beherrscht, emsig, immer tadellos gekleidet und die Haare sitzen stets perfekt. Jeder Schritt und Tritt des Chefs wird mit Argusaugen verfolgt und sein Büro auf Leben und Tod verteidigt. Sie sind halt noch die wahren Einzelkämpferinnen. An ihnen kommt keiner so ohne weiteres vorbei.

Diese Berufung füllt meistens ihren ganzen Lebensinhalt aus und man könnte (fast) meinen, sie seien mit dem Chef verheiratet – was durchaus auch in manchen Fällen das Resultat dieser gnadenlosen Aufopferung und Rundumbetreuung ist. Er ist halt ihr persönlicher Held.

Manchmal geht es sogar so weit, dass der Eindruck entsteht, sie seien im Grunde die wahren Chefs und Entscheider. Der eigentliche Chef ist nur noch eine Marionette in ihren Händen.

Ihre Stärken liegen daher ganz eindeutig in ihrer Durchsetzungskraft und unantastbaren Loyalität zum Chef.

Grandes Dames

Dann gibt es die Grandes Dames im Vorzimmer. Stets im klassischen Kostüm und perfekt geschminkt mit rot lackierten Fingernägeln, verkörpern sie stolz ihren Berufsstand. Meistens erwecken sie durch ihre dominante Erscheinung den Eindruck, unnahbar zu sein.

Es ist nicht unüblich, dass ihnen eine zweite Sekretärin zuarbeitet. Die Bezeichnung »Grande Dame« rührt aus ihrer perfekten Beherrschung des Businessknigge und ihrem glamourösen Starauftritt. Sie sind die Gastgeberinnen par excellence und wissen sich vor Publikum gekonnt in Szene zu setzen.

Ihre Stärke liegt in ihrem parkettsicheren Auftritt als perfekte Visitenkarte des Hauses.

Ruhige

Unermüdlich arbeiten sie als graue Mäuschen leise und unauffällig im Hintergrund des Chefs. Sie haben einen Hang zur Perfektion und Beharrlichkeit. Es wird so lange an einer Sache gefeilt, bis sie vollendet ist. Man kann sich stets auf sie verlassen. Jedoch erwarten sie das auch von ihren Mitmenschen und drücken nur selten ein Auge zu. Sie schätzen Höflichkeit und einen guten Kommunikationsstil.

Ihre Stärken bestehen daher in ihrem unermüdlichen Fleiß und in ihrem hohen Verantwortungsbewusstsein.

Laute

Sie sind das Gegenteil der grauen Mäuse. Da sie sehr lebhaft sind, erkennt und hört man sie schon von Weitem. Sie sind sehr extrovertiert und haben ein kommunikatives Wesen. Für sie ist es ein Leichtes, ihren Chef aufzuheitern und seine Laune zu heben. Meistens handelt es sich um Frohnaturen. Am liebsten sind sie von vielen Menschen umgeben, die andächtig ihren Worten lauschen.

Ihre Begeisterungsfähigkeit und ihre positive Ausstrahlung zeichnen sie aus.

Übereifrige

Diese fleißigen Bienchen möchten am liebsten für alle auf einmal da sein. Keine Arbeit ist ihnen zu viel – Arbeitsberge werden brav abgearbeitet –, bis sie auf einmal merken, dass es am Ende doch nicht zu schaffen ist. Freundlichkeit und Hilfsbereitschaft ist für sie oberstes Gebot. Daher sind sie auch überall gern gesehen.

Ihre Einsatzbereitschaft und ihr nicht zu bremsender Ehrgeiz sind unübertroffen.

Hektische

Es muss immer alles ganz schnell gehen. Langes Warten mögen sie nicht. Alles ist äußerst wichtig und wird dementsprechend auch sofort umgesetzt. Sie mögen die Hektik und das Chaos um sich herum. Ebenso haben sie keine Probleme, sich in verschiedene Vorgänge gleichzeitig hineinzuarbeiten und aktiv zu werden.

Ihre Stärken liegen in ihrer Belastbarkeit und ihrem Multi-Tasking-Talent.

Perfektionistinnen

Wie bei einem Uhrwerk läuft alles mit äußerster Präzision ab – sie durchleuchten, ergründen und überprüfen. Meistens haben diese Sekretärinnen ein grandioses Gedächtnis und möchten keinen Fehler machen. Ein Griff – und sie haben genau das gesuchte Dokument aus der Ablage gezaubert. Sie arbeiten sehr akribisch und dokumentieren jeden Arbeitsgang genau. Sie möchten nicht gestört werden und arbeiten daher am liebsten allein.

Äußerste Perfektion und Gründlichkeit zeichnen diese Sekretärinnen aus.

Soziale

Sie kommen mit fast jedem Kollegen klar, weil sie sich sehr für ihre Mitmenschen interessieren und sich auch für diese einsetzen. Sie legen Wert auf eine menschliche und freundliche Kommunikation und sind sehr sozial geprägt. Daher ist für sie auch das Duzen im Unternehmen nichts Außergewöhnliches. Sie sind offen, nehmen Rücksicht auf die Gefühle anderer und können gut zuhören.

Ihre Stärken liegen in ihrer Vertrauenswürdigkeit und ihrem sozialen Engagement.

Young and old – together

Auch wenn ein Außenstehender dies zunächst nicht vermuten würde – die Arbeit im Sekretariat ist meist Arbeit im Team. Damit sie funktioniert, sollte die »Mischung« im Büro stimmen. Eine gesunde Konstellation sind zwei Kolleginnen, die sich gut verstehen und im Büro daher für eine konstruktive und entspannte Arbeitsatmosphäre sorgen. Sie ergänzen sich mit ihren Kenntnissen und haben das Büro und damit meistens auch ihre Chefs im Griff.

Solche Idealfälle gibt es – jedoch leider viel zu selten. Sollten Sie sich in einer solchen Arbeitsatmosphäre wiederfinden – seien Sie froh! Ebenso häufig kommt es vor, dass der netten Kollegin, die sich beruflich verändern wollte oder sich in den Elternurlaub verabschiedet hat, eine Dame folgt, mit der diese Idealbedingungen nicht gegeben sind:

Unterscheiden wir folgende Varianten:

1. Ihre neue Kollegin ist viel jünger als Sie.
2. Ihre neue Kollegin ist viel älter als Sie.
3. Sie sind die Neueinsteigerin und viel jünger als Ihre Kollegin.
4. Sie sind die Neueinsteigerin und viel älter als Ihre Kollegin.

Lassen Sie uns sehen, wie Sie aus jeder Situation eine Win-win-Situation machen, d. h., jede von Ihnen hat etwas davon:

1. Ihre neue Kollegin ist viel jünger als Sie

Bloß keine Panik! Auch wenn Sie schon im Vorfeld erfahren haben, dass Ihre neue Kollegin um einige Jährchen jünger ist als Sie, heißt das nicht, dass Sie nun automatisch zum »alten Eisen« gehören. Wie auch immer, Sie sind auf der Höhe Ihrer Leistungsfähigkeit und noch nicht bereit, dem »jungen Küken« das Feld zu überlassen.

In dieser Situation machen Sie sich selbst zur Gewinnerin, wenn Sie Ihre junge Kollegin aktiv ansprechen, sie in Ihren zukünftigen gemeinsamen Berufsalltag einbinden und sie von Ihrem Wissen profitieren lassen.

Aber Achtung: Setzen Sie sich nicht aufs hohe Ross. Arbeiten Sie stattdessen mit Empfehlungen und machen Sie ihr vor, wie es funktioniert.

Was haben Sie nun davon? Ganz einfach: Ihre junge Kollegin strotzt nur so von Fertigkeiten in den neuesten Technologien, von denen Sie profitieren können. Fragen Sie sie um Rat und bitten Sie sie um Unterstützung.

Das hat zwei Effekte: Sie lernen etwas dabei und Ihre junge Kollegin fühlt sich mit Ihnen auf gleicher Augenhöhe. So gewinnen Sie beide.

2. Ihre neue Kollegin ist viel älter als Sie

Auch hier gilt: Nur keine Panik! Nur weil eine ältere Kollegin kommt, heißt das noch lange nicht, dass sie alles besser kann als Sie. Ganz im Gegenteil: Sie muss sich erst einmal mit den Strukturen im Haus vertraut machen – und da lauern einige Fettnäpfchen (die Sie natürlich alle schon kennen). Sie werden ihr daher eine große Bürde abnehmen, wenn Sie sie von Beginn an in die »Berg- und Tallandschaft« Ihres Unternehmens einführen und ihr damit den Einstieg erheblich erleichtern.

Aber Achtung: Verfallen Sie dabei nicht in plumpe Vertraulichkeiten, so gut kennen Sie sich noch nicht. Warten Sie ab, welchen Ton Ihre ältere Kollegin mit Ihnen pflegt, und lassen Sie sich darauf ein.

Was haben Sie davon? Profitieren Sie von der langjährigen Erfahrung Ihrer neuen Kollegin und lernen Sie, indem Sie sie beobachten und ihr zuhören. Fragen Sie nach ihren früheren Arbeitsstellen und merken Sie sich, was sie gut kann. Wann immer sich die Gelegenheit ergibt, fragen Sie sie um Rat. Sie werden lernen und Ihre neue Kollegin wird sich von Ihnen angenommen fühlen.

3. Sie sind die Neueinsteigerin und viel jünger als Ihre Kollegin

Sie haben einen neuen Job? Herzlichen Glückwunsch! Da interessiert es Sie zunächst kaum, wer Ihre neue Kollegin ist. Aber schon der erste Tag im Büro bringt es ans Tageslicht: Ihre Kollegin ist viel älter als Sie und lässt Sie auflaufen? Sie stellt sich selbst auf ein Podest? Sie ist überheblich und weiß alles besser?

Pech, denn Sie haben eine Kollegin erwischt, die auf Sie hochgradig nervös reagiert. Sie fürchtet Sie als junge Kollegin und will daher von Anfang an klarstellen, wer der »alte Hase« ist und wer im Büro das Sagen hat. Es ist eine schwierige Situation – die Sie aber meistern können.

Stellen Sie sich zunächst die Frage, wovor sich Ihre Kollegin am meisten fürchtet – wahrscheinlich davor, neben Ihnen als Youngster »alt auszusehen«, und lässt deshalb die ganze Kraft ihrer Berufserfahrung gegen Sie spielen.

Aber Achtung: Sie können jetzt die Aktualität Ihrer Ausbildung und Ihres Wissens über neue (Büro-)Technologien dagegensetzen. Wenn Sie so agieren wollen – herzlich willkommen im »Zickenkrieg« in der Chefetage. So können Sie nicht gewinnen. Lenken Sie ein, denn Sie müssen sich etwas anderes überlegen.

Ein offenes Gespräch über Ihre eigenen Ängste könnte an dieser Stelle weiterhelfen. Reden Sie dabei von Ihren Befürchtungen, Ihren Zielen, Ihren Vorstellungen und Ihrem Wunsch, dabei von Ihrer älteren Kollegin unterstützt zu werden. Wenn sie nicht völlig verbohrt ist, wird sie die Gelegenheit nutzen, um ihre eigenen Ängste anzusprechen, und Ihnen am Ende des Gespräches ihre Unterstützung anbieten. Lernen Sie außerdem von ihr, was Sie nur können. Lauschen Sie den Worten Ihrer erfahrenen Kollegin, wenn Sie sie an Ihrem Wissen teilhaben lässt. Das schmeichelt ihrem Ego und Sie lernen etwas dabei.

Was haben Sie nun davon? Im offenen Gespräch können Sie zeigen, dass Sie ein verantwortungsvoller Mensch und eine Kollegin sind, mit der man gut zusammenarbeiten kann. Fragen Sie viel und verschaffen Sie sich so den Respekt Ihrer älteren Kollegin. Dann werden Sie den Altersunterschied bald nicht mehr bemerken.

4. Sie sind die Neueinsteigerin und viel älter als Ihre Kollegin

Nach der Stellenanzeige (»… ein junges und engagiertes Team«) und Ihrem erfolgreichen Bewerbungsgespräch haben Sie es fast schon geahnt: Ihre Kollegin ist erheblich jünger als Sie. Sie merken gleich am ersten Tag, Sie sprechen nicht dieselbe Sprache, teilen nicht dieselben Erfahrungen und gehen die Dinge anders an. Was tun?

Verfallen Sie nicht in Arroganz – nach dem Motto »Ich habe schon viel mehr Erfahrungen gesammelt und was kann ich von einer jüngeren Kollegin denn noch lernen?« Sie würden sich wundern, wenn Sie wüssten, was

Ihre junge Kollegin auf dem Kasten hat. Die Leute, die für Sie alle neu sind, kennt sie seit Jahren – das gilt im Übrigen auch für Ihren Chef.

Da man ständig dazulernt, müssen auch Sie sich in dieser Situation auf neue Unternehmensstrukturen, neue Aufgaben und eben auch auf neue Menschen einstellen und lernen. Fragen Sie Ihre junge Kollegin daher um Rat und bitten Sie sie um Hilfe. Sie werden sehen, dass sich Ihre Sprachbarrieren bald abgebaut haben werden und Sie an einem Strang ziehen.

Was haben Sie davon? Mit ein bisschen Unterstützung von Ihrer Kollegin werden Sie den Einstieg in Ihr neues Unternehmen schneller bewältigt haben. Sie wird Ihnen helfen, sich rascher im Kreis der Kollegen zu etablieren und Ihren Platz im Sekretariat zu erarbeiten. Wenn Sie ihr im Gegenzug hin und wieder einen Rat aus Ihrem großen Erfahrungsschatz geben, werden Sie beide sehr erfolgreich zusammenarbeiten und alle Herausforderungen mit Bravour meistern!

Von Knigge bis Brockhaus

Bewegen Sie sich sicher auf gesellschaftlichem Parkett? Höflichkeit, Rücksichtnahme und Persönlichkeit heißen die Zauberworte für gute Umgangsformen, die für den beruflichen Erfolg äußerst wichtig sind. Gutes Benehmen ist kein Zufall und wird immer wichtiger für den beruflichen Bereich. Man sollte sich permanent auf dem neuesten Stand halten, denn gesellschaftliche Standards ändern sich ständig.

Haben Sie Ihren Chef als »rechte Hand« schon mal zu einem Geschäftsessen begleitet? Vielleicht sogar in einen Drei-Sterne-Gourmettempel? Und wussten Sie genau, welcher Teil des Bestecks für welchen Gang des Menüs vorgesehen war? Spätestens seit dem Film »Pretty Woman« wissen wir, wie schwer es sein kann, Schnecken stilvoll zu knacken.

Schauen wir uns ein paar Beispiele aus dem Büroalltag an:

Sie erwarten Besucher am Fahrstuhl. Wer wird Ihrer Meinung nach zuerst begrüßt: der Geschäftsführer, seine Assistentin oder der ebenfalls anwesende Abteilungsleiter Ihres Partnerunternehmens?

Heutzutage wird laut neuestem Businessknigge innerbetrieblich nach hierarchischer Reihenfolge begrüßt – unabhängig vom Geschlecht, d. h. in diesem Fall: Geschäftsführer – Abteilungsleiter – Assistentin.

Man kann sich daran halten oder nicht. Ich persönlich finde es jedoch immer noch stilvoller, die Frau als Erstes zu begrüßen.

Wie spricht man den Bürgermeister Professor Dr. Horst Klein in einem Geschäftsbrief an?

1. Sehr geehrter Herr Professor Dr. Klein
2. Sehr geehrter Herr Bürgermeister Dr. Klein
3. Sehr geehrter Herr Bürgermeister

Lösung 3.: Es wird nur der höchste Amtstitel verwendet, alles andere fällt weg, d. h. in diesem Fall »nur« »Sehr geehrter Herr Bürgermeister«.

Und wo legen Sie Ihre Serviette nach dem Geschäftsessen ab?

1. Rechts vom Teller?
2. Links vom Teller?
3. Auf dem Teller?

Lösung 2.: Die Serviette (ganz gleich, ob Stoff- oder Papierserviette) wird laut aktuellem Business Knigge nach dem Essen gefaltet links neben Ihrem Teller abgelegt.

Kommen wir nun zu den wichtigsten »Do's« and »Don'ts« des Business-knigge im Überblick:

Bei der Begrüßung

Bei der Begrüßung von Gästen ist es wichtig, bestimmte Rituale einzuhalten und die richtige Anrede zu beherrschen. Im Berufsleben erfährt der Ranghöhere, der Gast und der Kunde den Namen des Gegenübers zuerst. Im Privatleben allerdings zählen der Älteste und die Frau zu den wichtigsten Personen.

Mit dem Einleitungssatz: »Ich möchte Sie mit Herrn/Frau XY bekannt machen«, können Sie Personen einander vorstellen. Dabei gelten die folgenden Regeln:

- Der Herr wird der Dame zuerst vorgestellt.
- Die Dame sollte bei der Begrüßung aufstehen, um auf gleicher Augenhöhe zu sein.
- Der Jüngere wird dem Älteren vorgestellt.
- Der Mitarbeiter wird dem Vorgesetzten vorgestellt.
- Der Gast wird dem Gastgeber vorgestellt.
- Der Inländer wird dem Ausländer vorgestellt.
- Der Hinzukommende wird den Anwesenden vorgestellt.
- Der Rangniedrigere wird dem Ranghöheren vorgestellt.
- Über den Handschlag entscheidet der Ranghöhere oder der Ältere.
- Es grüßt derjenige, der zu einer Gruppe hinzukommt.
- Der Kunde wird zuerst begrüßt.
- Die Anrede »Fräulein« ist nicht mehr zeitgemäß.

- Im Geschäft stehen Mann und Frau zur Begrüßung auf, im Privaten darf die Frau jedoch sitzen bleiben.

Es dürfen auf keinen Fall akademische Titel oder Rangbezeichnungen vergessen werden. Das gilt allerdings nicht für Akademiker untereinander, denn sie sprechen sich üblicherweise nur mit dem Namen an. Auch Doppelnamen sollten vollständig genannt werden.

Akademische Grade sind nicht übertragbar, d. h., dass die nicht promovierte Ehefrau auch nicht mit »Frau Doktor« angesprochen wird. Besitzt eine Person mehrere akademische Grade, hat der höhere Vorrang. Es heißt demnach in der mündlichen Anrede nur »Herr Professor Mayer«, auch wenn dieser mehrere Doktortitel besitzt.

In Österreich werden neben Doktoren und Professoren auch Diplomingenieure und Magister explizit mit ihrem Titel oder akademischen Grad angesprochen, was in Deutschland unüblich ist.

Das Wissen um angemessene Umgangsformen wird Ihnen im Umgang mit Geschäftspartnern mehr Sicherheit geben.

Falls Ihnen wirklich einmal ein peinlicher Fehler passieren sollte, stehen Sie dazu und entschuldigen Sie sich aufrichtig. Man kann schließlich nicht immer alles richtig machen!

Beim Geschäftsessen

Auch beim Geschäftsessen ist es wichtig, die Grundlagen der Tischsitten zu beherrschen. So mancher Bewerber hat sich durch nicht mehr zeitgemäße Manieren bei Tisch eine Absage eingehandelt. Nicht umsonst werden Manager, Außendienstmitarbeiter und Berufsanfänger in Sachen Tischmanieren geschult, denn hier lauern böse Fallen.

Beherrscht man die Etikette bei Tisch, braucht man sich nicht mehr zu viele Gedanken über das angemessene Verhalten zu machen. Die wichtigsten Etiketteregeln am Tisch lauten folgendermaßen:

1. Der Gastgeber betritt zuerst das Restaurant.
2. Der Ehrengast sitzt rechts vom Gastgeber, der Zweitwichtigste zu seiner Linken.
3. Achten Sie auf die entsprechende Kleiderordnung.
   Einige Beispiele:

- Business casual = übliche Geschäftskleidung. Frau trägt Kostüm oder Hosenanzug, Herr trägt Businessanzug
- Habit noir = Wahl zwischen Smoking und Frack
- Cravate blanche oder White tie = Frau trägt festliches Abendkleid, Herr trägt Frack
- Cravate noire oder Black tie = Frau trägt Abendkleid, Herr trägt Smoking

4. Der Gastgeber bittet die Gäste, Platz zu nehmen.
5. Bei der Begrüßung (von Mann oder Frau) wird aufgestanden, um seine Wertschätzung zu zeigen.
6. Die zugeklappte Speisekarte zeigt, dass das Menü gewählt wurde.
7. Damenhandtaschen werden an der Stuhllehne aufgehängt oder seitlich auf dem Boden abgestellt, ohne dass sie zu einer Stolperfalle werden.
8. Der Gastgeber, der auch eine Frau sein kann, probiert den empfohlenen Wein und eröffnet das Büffet oder beginnt mit dem ersten Gang.
9. Falls keine Weine vorgegeben sind, bestellen Sie nicht die teuerste Sorte.
10. Zur Begrüßung wird nicht mehr auf den Tisch geklopft, sondern laut in die Runde gegrüßt.
11. Wein- und Sektgläser werden am Stil angefasst. Ausnahme: Cognacschwenker.
12. Es wird nicht mehr angestoßen, sondern man prostet einander mit erhobenen Gläsern »Zum Wohl« zu und schaut in die Runde.
13. Das Handy bitte ausschalten oder auf lautlos stellen.
14. Handelt es sich um ein dringendes Telefonat, ist es ratsam, aufzustehen und einen ruhigen Ort aufzusuchen.
15. Erst, wenn alle Gäste versorgt sind, wird mit dem Essen begonnen oder bei vorzeitiger Aufforderung durch den Gastgeber.
16. Der Brotteller steht immer links von Ihnen und wird auch nicht in die Mitte geschoben.
17. Das Brot oder Brötchen wird in mundgerechte Stücke gebrochen, die man mit Butter bestreicht. Es wird nicht abgebissen. Das kleinere Buttermesser bleibt immer auf dem Brotteller.
18. Saucen werden nicht mit dem Brot aufgetunkt.
19. Erst nach dem Servieren des Weines darf mit dem Brot oder der Vorspeise begonnen werden.

20. »Guten Appetit« oder »Mahlzeit« in die Rundezu sagen ist nicht mehr zeitgemäß. Lediglich der Koch selbst darf »guten Appetit« wünschen.
21. Die Suppentasse darf gekippt werden.
22. Der benutzte Suppenlöffel bleibt nicht in der Tasse, sondern wird auf dem Unterteller abgelegt. Das gilt auch für Eis-, Tee- oder Kaffeelöffel.
23. Die Weinflasche wird beim Einschenken nicht auf dem Glas abgesetzt. Meistens ist das Servicepersonal für das Nachschenken verantwortlich.
24. Vermeiden Sie überhöhten Alkoholgenuss.
25. Die Serviette faltet man beim ersten Gang auseinander und legt sie auf den Schoß – auf keinen Fall in den Kragen stopfen! Die offene Seite der Serviette liegt zu Ihnen, damit Sie sich vor dem Trinken den Mund abtupfen können, um Fettabdrücke am Glas zu vermeiden.
26. Rauchen, nachschminken, schmatzen, schlürfen, mit vollem Mund reden, über dem Teller »hängen« sowie das Messer ablecken sind absolut *tabu.*
27. Das Essen wandert zum Kopf anstatt der Kopf zum Essen.
28. Die Arme und Ellenbogen werden nicht auf dem Tisch abgelegt, sondern nur die Hände bis zu den Handgelenken neben dem Teller.
29. Das Besteck benutzt man pro Gang von außen nach innen. Der Dessertlöffel liegt oberhalb des Tellers.
30. Für jeden Gang wird ein neues Besteck benutzt.
31. Gläser werden von rechts nach links benutzt. Das Wasserglas steht rechts außen.
32. Das Getränk sollte für den optimalen Geschmack zum Essen passen. Grundsätzlich gelten folgende Kombinationen:
    • Ein Aperitif wird vor der Mahlzeit getrunken.
    • Zu Suppen und Vorspeisen ist kein Getränk üblich.
    • Ein trockener Rotwein passt gut zu Wild oder dunklem Fleisch.
    • Weißwein passt eher zu Fischgerichten.
    • Bier wird zu deftigeren Speisen (z. B. Haxe) gewählt.
    • Zum oder nach dem Dessert wählt man einen Espresso, Mokka oder Likör.
    • Cola, Fanta, Sprite gelten bei einem gehobenen Essen als stillos.
33. Steht eine Fingerschale auf dem Tisch, kann die Speise mit den Fingern gegessen werden.
34. Geflügel und belegte Brote isst man mit Messer und Gabel.

35. Gräten verlassen den Mund über die Gabel, Kirschkerne über die Hand.
36. Die Essensreste werden nicht am Tisch hinter vorgehaltener Hand per Zahnstocher entfernt, sondern anschließend beim Aufsuchen der Örtlichkeiten.
37. Der Teller wird während des Essens nicht gedreht, sondern die Speisen auf dem Teller.
38. Der Ober wird per Blickkontakt und nicht durch Rufen zum Kommen aufgefordert.
39. Ebenso werden Reklamationen diskret vorgebracht.
40. Probieren Sie das Essen, bevor Sie gleich zu Salz- oder Pfeffermühle greifen.
41. Speisen wie Kartoffeln mit Soße oder ein Dessert mit Früchten werden nicht vermengt, sondern wie serviert gegessen.
42. Lassen Sie sich bei einem feststehenden Mehr-Gänge-Menü alle Speisen servieren. Sonst wartet der Gastgeber vergeblich, dass er das Signal zum Essen geben kann. Lassen Sie lieber einen Gang stehen oder probieren Sie nur ein wenig.
43. Sollte es sich um ein Büffet handeln, machen Sie sich den Teller nicht zu voll, sondern gehen Sie lieber mehrmals. Halten Sie die Reihenfolge ein: Die Vorspeise sollte nicht mit dem Hauptgericht auf einem Teller gemischt werden. Auch werden keine Speisen in der Hand zum Tisch getragen. Meistens steht ein neuer Teller und Besteck für den nächsten Gang zur Verfügung.
44. Nach dem Essen wird das Besteck parallel auf den Teller auf die Position »fünf Uhr« gelegt.
45. Falls Sie eine Pause machen und noch weiteressen möchten, werden Messer und Gabel gekreuzt jeweils auf dem Teller nach schräg rechts unten und schräg links unten abgelegt (Ziffernblattposition: »zwanzig nach sieben«).
46. Weder benutztes Besteck noch dessen Griffe werden auf dem Tischtuch abgelegt.
47. Der Teller darf leer gegessen werden. Der früher übliche »Anstandsrest« auf dem Teller ist mittlerweile nicht mehr zeitgemäß.
48. Gespräche werden mit den unmittelbaren Tischnachbarn geführt.
49. Man sollte aktiv zuhören und dem Gesprächspartner nicht ins Wort fallen. Vermeiden Sie heikle Themen wie private Probleme oder politische Ansichten.

50. Einem Niesenden wird nicht mehr »Gesundheit« gewünscht, sondern er wird ignoriert. Er fühlt sich schon selbst als Störfaktor und muss nicht noch zusätzlich daran erinnert werden.

51. Sollte Ihnen ein Malheur passiert sein, indem Sie aus Versehen das Weinglas auf die Kleidung Ihres Tischnachbarn umgeschüttet haben, bieten Sie ihm Ihre Serviette an und bitten ihn um die Zusendung der Rechnung für die Reinigung.

52. Mit dem Rauchen sollte bis nach dem Dessert gewartet werden, es sei denn, man einigt sich anders.

53. Als Dessert eignet sich auch ein Digestif wie Cognac, Grappa, Ramazotti oder Averna.

54. Die Rechnung wird vom Gastgeber beglichen, jedoch nicht am Tisch, sondern außer Sichtweite diskret beim Kellner an der Theke.
Ca. fünf bis zehn Prozent Trinkgeld sind angemessen, wenn Sie zufrieden waren.

55. Gehen Sie nicht gleich nach dem Dessert, vor allem nicht, wenn nach dem Essen noch ein Programm ansteht. Es sei denn, Sie haben es vorher angekündigt.

56. Verabschieden Sie sich zuerst vom Gastgeber und bedanken Sie sich für die nette Einladung.

Tipp

Bringen Sie dem Gastgeber zum Dank für die Einladung ein kleines Gastgeschenk mit und legen Sie eine Karte bei. Blumen sind für diesen Fall leider zu umständlich, da der Gastgeber sich erst um eine Vase kümmern müsste und den Strauß eventuell am Ende noch vergisst. Empfehlenswerter ist es, am nächsten Tag dem Gastgeber die Blumen als Dankesgruß zukommen zu lassen.

Externes Geschäftsessen

Sollten Sie für Ihre Gäste extern ein Essen organisieren, sind folgende Punkte zu beachten:

1. Wie groß ist der Personenkreis? Danach richtet sich die Größe der Lokalität.

2. Welcher Rahmen ist angebracht? Passt eher ein Sterne-Restaurant oder eine lockere rustikale Umgebung? Wo fühlen sich die Gäste wohler? Welche Speisen werden bevorzugt?
3. Welche Uhrzeit bietet sich an?
4. Was müssen Sie bei der Auswahl der Speisen beachten? Gibt es Diabetiker, Vegetarier oder Veganer?
5. Beachten Sie die Essgewohnheiten bei ausländischen Gästen.
6. Informieren Sie sich auch vorher über die Lieblingsgetränke der Gäste. Welchen Aperitif oder Wein bevorzugen sie?
7. Um sich der Qualität des Restaurants sicher zu sein, sollten Sie dieses gut kennen bzw. selbst vorher die Speisen getestet haben.
8. Der Ort sollte zentral und für alle Gäste gleichermaßen gut erreichbar sein.
9. Die Sitzordnung sollte vorher feststehen. Der Ehrengast sitzt rechts vom Gastgeber. Die Gäste sollten so platziert sein, dass entsprechende fachbezogene Gespräche möglich sind.
10. Ab einer Teilnehmerzahl von sechs Personen sollte aus Zeitgründen ein Menü ausgewählt werden. Bei einer kleineren Anzahl kann durchaus à la Carte bestellt werden. Lassen Sie sich am besten vom Küchenchef beraten.
11. Stecken Sie den zeitlichen Rahmen fest ab.
12. In gehobeneren Restaurants ist es durchaus üblich, dass als Willkommensgruß und auf Kosten des Hauses vor dem ersten Gang ein sogenanntes Amuse-Gueule serviert wird.
13. Sollten noch nicht alle Gäste eingetroffen sein, ist es sinnvoll, 15 Minuten zu warten und dann mit dem Essen zu beginnen.
14. Der Gastgeber sollte auf jeden Fall vor den Gästen im Restaurant sein, um notfalls Korrekturen vornehmen zu können.
15. Die Rechnung wird vom Gastgeber diskret an der Bar beglichen. Die Einladung sollte vorher von ihm ausgesprochen worden sein.
16. Eine schriftliche Einladung sollte folgende Informationen enthalten:
    • Name des Einladenden
    • Uhrzeit und Ort
    • Anlass der Einladung
    • welche Kleiderordnung vorgegeben ist
    • mit oder ohne Begleitung (falls die Begleitung bekannt ist, den Namen mit auf die Einladung setzen)

- bis wann an wen um Antwort gebeten wird (Um Antwort wird gebeten = »U. A. w. g. bis zum …«).
17. Wichtige Abkürzungen zur Angabe von Antwortfristen und Uhrzeiten:
    - R. s. v. p. = Répondez s'il vous plaît (Antworten Sie bitte)
    - U. A. w. g. bei Zusage = nur bei einer Zusage melden
    - s. t. = sine tempore, auf die Minute pünktlich sein
    - c. t. = cum tempore, Karenzzeit bis zu 15 Minuten
    - um = pünktlich
    - gegen = +/- 15 Minuten
    - ab = wie man möchte
    - von … bis … = innerhalb der angegebenen Zeit
18. Beim Verlassen des Restaurants haben die Gäste und die Ranghöheren den Vortritt.
19. Sorgen Sie im Vorfeld dafür, dass genügend Taxis oder Fahrdienste für die Rückfahrt bereitstehen.

Small Talk

Was machen Sie mit Gästen, die Sie gerade am Empfang abholen? Worüber redet man mit ihnen? Small Talk gehört mittlerweile neben sozialer Kompetenz und Fachwissen zu den entscheidenden Faktoren im Geschäftsleben. Die Kunst ist es, sich auf schnelle und unaufdringliche Art mit Menschen bekannt zu machen. Deshalb ist es wichtig, diese Technik sicher zu beherrschen, um nicht gleich ins Fettnäpfchen zu treten.

Sprechen Sie Ihre Gäste bei der Begrüßung gleich mit ihrem richtigen Namen an und stellen Sie sich dann selbst mit Vor- und Nachnamen, vor (»Guten Tag, Herr XY, ich bin Sabine Müller, die Sekretärin von Herrn Wichtig, herzlich willkommen bei uns.«). Dabei sollten Sie den Ranghöchsten zuerst begrüßen. Falls Sie nicht sofort wissen, wer es ist, nennen Sie fragend seinen Namen – er wird sich schon zu erkennen geben. Mit einem netten Willkommensgruß entsteht gleich eine positive Atmosphäre.

Sie sollten langsam und leicht versetzt vorangehen (»Am besten gehe ich voran und zeige Ihnen den Weg.«), um die Besucher in den Besprechungsraum zu begleiten. Gehen Sie links von Ihrem Gast, denn rechts ist die Ehrenseite. Betreten Sie den Fahrstuhl als Letzte, damit Sie auch als Erste wieder aussteigen können.

Eine Bemerkung über das Wetter bietet immer einen guten Einstieg in eine Gespräch. Beliebt sind auch Fragen nach der Anreise zum Veranstaltungsort, die Stadt, in der man sich gerade befindet, Sehenswürdigkeiten, Reisen, Interessen oder Kultur. Eine große Hilfe bieten auch offene W-Fragen (wie, warum, weshalb, worüber, womit, welche Meinung, was bedeutet für Sie, was denken Sie über), damit die Antwort nicht in einem simplen Ja oder Nein endet (»Wie hat Ihnen die Ausstellung gefallen?«). Offene Fragen lassen mehr Spielraum für die Informationsbeschaffung zu.

Achten Sie darauf, dass Sie nicht zu viel von sich erzählen, sondern auch den anderen zu Wort kommen lassen. So machen Sie nichts falsch und Ihr Gesprächspartner fühlt sich wichtiggenommen. Lockere Gespräche schaffen eine angenehmere Atmosphäre und man hat beim nächsten Treffen eine viel bessere Gesprächsebene.

Vermeiden sollten Sie auf jeden Fall Themen wie politische Ansichten, Selbstlob, Angeberei, Klatsch und Tratsch, Politik, Religion, Krankheiten, Witze oder die finanzielle Situation. Das könnte im schlimmsten Fall in einem Streitgespräch enden – und genau das möchten Sie ja nicht. Wählen Sie positive und entspannte Themen wie beispielsweise Urlaubsziele, Kulturelles, Sport, Kulinarisches, Musik etc.

Treten Sie dem Gesprächspartner offen und freundlich entgegen, hören Sie ihm interessiert zu und unterstreichen Sie dies mit gelegentlichem Kopfnicken. Lassen Sie ihn ausreden, auch wenn Sie schon innerlich »brennen«, Ihre Meinung zu einem Thema kundzutun.

Achten Sie auch auf eine aufrechte Haltung und einen angemessenen, nicht zu festen und langen Händedruck: Ihre Hand sollte sich weder wie »ein nasser Lappen« anfühlen – das wirkt schüchtern und unsicher – noch sollten Sie Ihrem Gegenüber Schmerzen zufügen – das wirkt zu dominant. Finden Sie den goldenen Mittelweg. Wer dies beherrscht, punktet schon, bevor er überhaupt ein Wort gesprochen hat, denn das Händeschütteln lässt unbewusst Rückschlüsse auf den Charakter zu.

Halten Sie Blickkontakt bei der Begrüßung – bitte nicht anstarren – und schenken Sie Ihrem Gast ein wohlwollendes Lächeln.

Wichtig ist auch, eine gewisse Distanz von 1,5 bis maximal 4 Metern zu Ihrem Gegenüber einzuhalten, damit es sich nicht gleich zu eingenommen und bedrängt fühlt. Ist Ihr Gast um einiges größer als Sie, gehen Sie am besten so weit zurück, bis Sie nicht mehr nach oben schauen müssen.

So schaffen Sie eine angemessene Gesprächsatmosphäre und bleiben bei den Gesprächspartnern in guter Erinnerung.

Pfiffig ist es, sich die Informationen, die Sie über Ihren Gast während des Small Talks erhalten, in einer Gästekartei zu notieren. Erzählt Ihnen zum Beispiel der Besucher, dass er gern Urlaub in Frankreich macht und dort häufig an Weinverkostungen teilnimmt, fällt Ihnen beim nächsten Anlass bestimmt ein passendes Geschenk für ihn ein. Oder wenn Sie erfahren, dass er gern in der Toskana Motorrad fährt, bietet es sich an, ihm zu seinem Geburtstag oder zu einer anderen Gelegenheit einen Buchband über diese Region zu schenken. So sollten die Informationen, die man auf dem Weg vom Fahrstuhl zum Besprechungsraum von den Besuchern erhält, nicht in Vergessenheit geraten. Durch taktvolles Fragen erhalten Sie viele Hintergrundinformationen und Ihr Chef wird Ihnen dafür dankbar sein.

Alternativ können Sie auch bei der Sekretärin des Besuchers erfragen, welche Hobbys ihr Chef pflegt und ob sie Ihnen eine Geschenkempfehlung geben könnte.

Gästebetreuung

Gastfreundschaft ist die Kunst, Besuchern den Eindruck zu vermitteln, sie seien zu Hause. Damit sich die Gäste gleich bei Ihnen wohlfühlen, sollten Sie die Rolle der Gastgeberin richtig beherrschen. Auch dieser »Nebenjob« erfordert höchste Aufmerksamkeit. Es ist vergleichbar mit der Situation, als würden Sie zu Hause Ihre eigenen Gäste empfangen.

Meistens sind Sie oder der Empfang der erste Kontakt der Gäste und somit die Visitenkarte des Hauses. Daher ist es wichtig, sie am Empfang vorher mit ihrem Namen und Titel anzumelden, damit sie gleich bei ihrer Ankunft richtig angesprochen werden (»Herzlich willkommen, Herr Dr. Mayer, Frau Müller wird Sie sofort in Empfang nehmen«). Für den Fall, dass die Gäste noch etwas warten müssen, sollte im Wartebereich immer etwas Lesematerial wie Firmenprospekte oder Tageszeitungen bereitliegen. Ebenso sollte etwas zu trinken angeboten werden. Das gilt auch für das Warten im Besprechungsraum, wenn der Chef noch nicht eingetroffen ist.

Bei ausländischen Gästen kann im Vorfeld ein Abholservice vom Flughafen oder Bahnhof mit dem entsprechenden Firmenschild arrangiert werden.

»Sollte man denn eigentlich dem Besucher aus dem Mantel helfen?«, lautet oft die Frage. Das ist sicherlich nicht erforderlich. Sie könnten Ihren Gast jedoch fragen, ob Sie ihm den Mantel abnehmen und an die Garderobe hängen dürfen, oder reichen Sie ihm alternativ den Kleiderbügel. Am Ende der Sitzung geben Sie die Mäntel wieder entsprechend an die Besucher zurück.

Der Tisch sollte auf jeden Fall immer vor dem Eintreffen der Gäste gedeckt sein. Es kommt immer öfter vor, dass der Chef selbst die Besucher bedient. Sollte es ausdrücklich gewünscht sein, dass Sie die Gästebetreuung übernehmen, so servieren Sie von rechts bereits gefüllte Tassen – am besten nicht randvoll, sondern nur bis Daumenbreite unter dem Rand der Tasse. Nehmen Sie zum Einschenken die Untertasse in die Hand.

Die Ehrengäste bzw. der ranghöchste Gast wird zuerst bedient, anschließend geht es im Uhrzeigersinn weiter. Frauen stehen hier nicht an erster Stelle, es sei denn, sie sind Ranghöchste. Der Chef als Gastgeber sollte in diesem Fall zuletzt bedient werden. Im weiteren Verlauf der Sitzung können sich die Besucher dann selber bedienen.

Gehört zu der Bewirtung auch ein Imbiss, so werden die Teller von rechts gereicht und auch wieder abgeräumt. Bitte nicht stapeln, sondern lieber mehrmals gehen.

Achten Sie darauf, dass sich Ihre Gäste wohl- und bei Ihnen willkommen fühlen. Dies gilt im Übrigen auch für unangemeldete Besucher, bei denen Sie nicht genau wissen, welches Anliegen sie haben.

Begleiten Sie sie nach der Sitzung zum Fahrstuhl oder zum Ausgang und drücken Sie abschließend Ihre Wertschätzung aus »Ich freue mich sehr, Sie kennengelernt zu haben«. Ein aufrichtiges Kompliment oder ein netter Abschiedsgruß hinterlässt bei jedem Besucher ein gutes Gefühl und fördert das positive Image des Unternehmens.

Anklopfen

Darf ich stören? Sie sollten auch mit Ihrem Chef abstimmen, wie das Anklopfen bzw. Störungen während einer Besprechung gehandhabt werden sollten. Wann muss er unbedingt gestört und informiert werden?

Am elegantesten ist es, nach dem Anklopfen so leise und unauffällig wie möglich den Raum zu betreten und sich nicht erst laut für die Störung zu entschuldigen. Jedes Anklopfen ist schon eine Störung für sich. Ein kurzes Lächeln in die Runde ist völlig ausreichend.

Sie können dem Chef einen Zettel in die Besprechung reichen, auf dem die wichtigsten Informationen stehen. So haben Sie die Möglichkeit, den Raum rasch wieder zu verlassen. Der Chef kann dann entscheiden, ob er die Sitzung verlässt oder sie unterbricht.

Notlügen

Sie kennen die folgende Situation bestimmt auch ganz gut: Sie sitzen schon auf heißen Kohlen und die Besprechung, in der sich Ihr Chef befindet, nimmt einfach kein Ende. Die Zeit drängt, denn die nächsten Besucher haben sich bereits angekündigt. Meistens kennt man ja die »Plaudertaschen« schon, die die Zeit gerne überziehen. Hier bleibt einem letztlich nichts anderes übrig, als mit kleinen Tricks zu arbeiten, um den Chef zu »erlösen«. Damit meine ich die sogenannte Pinocchio-Methode, bei der man aufpassen muss, dass die eigene Nase am Ende nicht immer länger wird.

Einige Notfall-Vorwände, die Sie an Ihren Chef richten, könnten beispielsweise so aussehen: »Entschuldigung, Herr Wichtig, aber Ihre nächsten Besucher sind gerade eingetroffen«, »Auf Sie wartet ein dringender Anruf« oder »Sie müssten jetzt zum Flughafen, ansonsten verpassen Sie Ihren Flug«.

Sie sehen, auch in diesem Bereich darf es Ihnen an Fantasie nicht fehlen.

Der Geschäftsbrief

Der DIN-gerechte Geschäftsbrief beginnt meistens mit »Sehr geehrte Damen und Herren« oder »Sehr geehrte/-r Frau/Herr …« und endet mit »Mit freundlichen Grüßen«.

Man kann jedoch durchaus auch ein wenig kreativ sein und sich von starren und klassischen Anrede- und Grußformeln trennen. Je nach Unternehmenskultur kann man beispielsweise statt des üblichen »Sehr geehrter Herr …/Sehr geehrte Frau …« auch mal die etwas saloppere Anrede »Guten Tag, sehr geehrter Herr …« oder »Guten Tag, Herr …« verwenden. Sollte die Person vertrauter sein, kann man auch ohne weiteres »Guten Tag, lieber Herr …« schreiben.

Bei der Verwendung eines Titels in der Anrede sollten Sie Folgendes beachten:

1. Der Professorentitel wird grundsätzlich ausgeschrieben »Sehr geehrter Herr Professor Oberwichtig«.
2. Der Doktortitel wird grundsätzlich abgekürzt »Sehr geehrter Dr. Oberwichtig«.
3. Akademische Titel werden in der Anschrift genannt (»Herrn Dipl.-Ing. Dr. Wolfgang Oberwichtig«), entfallen jedoch bei der Anrede (»Sehr geehrter Herr Dr. Oberwichtig …«).
4. Bei Adelstiteln entfällt der Zusatz Frau/Herr (»Sehr geehrte Gräfin von Münchhausen…« oder »Sehr geehrter Baron von Münchhausen …«.

Die Grußformel sollte natürlich aus Höflichkeit immer ausgeschrieben werden. Mit »Mit freundlichen Grüßen« kann man nichts verkehrt machen. Um den Briefabschluss etwas individueller und persönlicher zu gestalten, kann man auch folgende Abschlusssätze verwenden:

Briefkopf
Hier stehen Name und Anschrift
oder Unternehmen und Firmenlogo

Name des Absenders Straße PLZ und Ort

Postvermerk
Anrede
Name des Empfängers
Straße und Hausnummer
PLZ Ort

Ihre Nachricht vom	Unsere Nachricht vom	Durchwahl, Name	Datum
JJJJ-MM-TT	JJJJ-MM-TT	-Durchwahl, Name	JJJJ-MM-TT

Betreff

Sehr geehrte Anrede Name,

hier fügen Sie Ihren Brieftext ein. Mehrere Absätze trennen Sie durch jeweils eine
Leerzeile.

Mit freundlichen Grüßen

Unternehmen

i.V.

Unterzeichner

Anlage
Dokument

1. Herzliche Grüße aus Berlin
2. Sonnige Grüße aus Berlin
3. Mit freundlichen Grüßen nach München
4. Mit sommerlichen Grüßen
5. Bis zu unserem Treffen am 30. März in München
6. Freundliche Grüße und ein schönes Wochenende
7. Bis dahin wünsche ich Ihnen alles Gute

Diese Formulierungen sollten allerdings zur genannten Grußformel passen.
»Mit vorzüglicher Hochachtung«, »Hochachtungsvoll« oder« »Dankend empfehlen wir uns ...« sind mittlerweile nicht mehr üblich.

Richtiger Umgang mit E-Mails

»Sie haben Post!« Ein lautes »Pling« und schon erscheint wieder eine neue E-Mail auf Ihrem Bildschirm. Längst ist der Geschäftsbrief im Multimediazeitalter durch unkomplizierte E-Mails abgelöst worden. Allerdings sollte man die elektronische Post mit der gleichen Sorgfalt und unter Beachtung der Formalien verfassen wie einen Geschäftsbrief, denn sie stellt ebenfalls die Visitenkarte des Unternehmens dar.

Anreden und Grußformeln sollten genauso ausgeschrieben werden wie bei einem Geschäftsbrief. Alles andere ist gegenüber dem Adressaten unhöflich und respektlos. Ebenso sollte die deutsche Rechtschreibung eingehalten und nicht nur in kleinen Buchstaben geschrieben werden.

Wie auch bei einem Geschäftsbrief sollte man ebenfalls auf die Grammatik hohen Wert legen und logische Absätze machen, damit der Text lesbarer und verständlicher wird. Beschränken Sie sich auf kurze Sätze, anstatt mit Schachtelsätzen die Verständlichkeit zu beeinträchtigen. Die tägliche Flut an E-Mails ist schon groß genug, deshalb sollte man es dem Leser nicht noch schwerer machen.

Grundsätzlich sollte man aus Höflichkeit innerhalb eines Tages auf eine E-Mail antworten. Falls dies aus Zeitgründen nicht möglich ist, genügt erst einmal eine kurze und freundliche Empfangsbestätigung an den Absender.

Achten Sie darauf, nicht zu große Anhänge zu versenden und auf diese in der E-Mail hinzuweisen (»Beigefügt erhalten Sie ...«). Handelt es sich zum Beispiel um eine mehrseitige Präsentation, um Fotos oder Musikdateien, kann der Empfänger diese eventuell nicht öffnen, da er nicht über

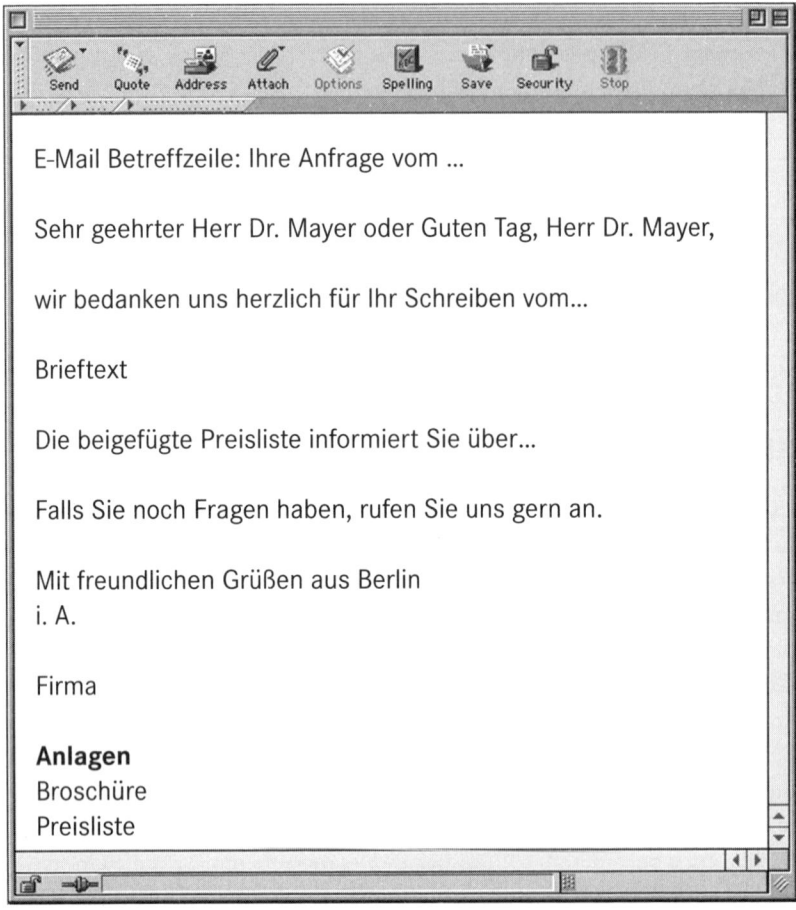

E-Mail Betreffzeile: Ihre Anfrage vom ...

Sehr geehrter Herr Dr. Mayer oder Guten Tag, Herr Dr. Mayer,

wir bedanken uns herzlich für Ihr Schreiben vom...

Brieftext

Die beigefügte Preisliste informiert Sie über...

Falls Sie noch Fragen haben, rufen Sie uns gern an.

Mit freundlichen Grüßen aus Berlin
i. A.

Firma

Anlagen
Broschüre
Preisliste

den ausreichenden Speicher oder über das notwendige Programm verfügt. In vielen Firmen werden E-Mails mit großen Anlagen schon automatisch geblockt. Daher sollte man sich vorher darüber mit dem Empfänger in Verbindung setzen.

Die Betreffzeile sollte, analog zum Geschäftsbrief, Auskunft über den Inhalt geben. Das erleichtert zusätzlich das spätere Ablegen der E-Mail in die jeweiligen Unterordner im elektronischen Posteingang.

Vorsichtig sollte man mit den sogenannten Emoticons (Smileys ☺) umgehen, da diese Zeichensprache nicht jeder versteht und sie nicht zur externen Geschäftskorrespondenz gehören. Dies gilt auch für gängige E-Mail-

Abkürzungen wie »lg« (Liebe Grüße), »cu« (see you) oder »fyi« (for your information). Vorsicht mit Sonderzeichen und Symbolen! Sie können nicht von jedem E-Mail-Programm gelesen werden.

Eine geschäftliche E-Mail sollte am Ende eine Signatur bzw. Visitenkarte enthalten, die den vollständigen Namen, Position, Firmenname, Adresse, Telefon- und Faxnummer, E-Mail Adresse sowie ggf. die Firmen-Homepage enthält.

E-Mails mit hoher Priorität können mit einem roten Ausrufezeichen versandt werden. Hierbei sollte man aber vorsichtig sein, damit es nicht zu aufdringlich wirkt.

Möchten Sie nicht, dass alle Empfänger der E-Mail ersichtlich sind, setzen Sie sie in die »bcc«-Zeile (blind carbon copy).

Wenn es sich um einen wichtigen Termin oder ein wichtiges Thema handelt, ist es sinnvoll, die E-Mail mit Versand- und Lesebestätigung zu verschicken. Somit ist gewährleistet, dass sie auch fehlerfrei versandt und zeitnah vom Empfänger gelesen wurde.

Sollte es sich um ein vertrauliches oder ernstes Thema handeln, ist es empfehlenswert, die Angelegenheit per Telefon oder gleich persönlich zu besprechen, statt per Mail, um Missverständnisse zu vermeiden. Oft können Gefühle und der entsprechende Tenor schriftlich schwer übermittelt werden.

Wollen Sie einer Person jedoch hohe Aufmerksamkeit und Wertschätzung entgegenbringen, steht der handgeschriebene Brief auf hochwertigem Briefpapier jedoch immer noch an oberster Stelle.

Das richtige Outfit

Kleider machen bekanntlich Leute. Wie sieht die typische Businesskleidung für das Sekretariat aus? Jeans, Shorts, Leggings, Radlerhosen, Miniröcke sind, wie Sie vermuten, natürlich absolut unangemessen. Das Sekretariat ist meistens der erste Anlaufpunkt für Besucher und Mitarbeiter und das Aushängeschild des Unternehmens. Generell ist es wichtig, die Mode auf seine eigene Persönlichkeit abzustimmen und seinen individuellen Stil zu finden. Man sollte sich in der Kleidung auf jeden Fall wohlfühlen. Das wirkt glaubhafter, als jede unpassende Mode mitzumachen.

Der erste Eindruck ist immer entscheidend, und er vermittelt sich in den ersten zehn Sekunden. Man hat meistens keine Chance, den ersten Eindruck zu revidieren. Ein chinesisches Sprichwort sagt: »Nach Deiner Kleidung wirst Du empfangen und nach Deinen Worten wirst Du verabschiedet.«

Man sollte beispielsweise für ein Vorstellungsgespräch nicht gerade eine zu enge Garderobe wählen, sondern sich der Branche und der Position anpassen. Je höher sie ist, desto strenger der Dresscode. Allgemein gilt: lieber klassisch und dezent als zu eng und grell.

Das klassische, eher konservative Standardoutfit in Banken und Anwaltskanzleien wäre beispielsweise ein dunkler oder grauer Hosenanzug oder ein dezenter knielanger Rock mit Blazer, kombiniert mit einer Bluse oder einem Top. Fehl am Platz sind hier ebenfalls zu enge und durchsichtige Kleidungsstücke, zu große Ausschnitte, Miniröcke, Spaghettiträger, zu hohe Absätze, sichtbare Tätowierungen, Piercings und gemusterte Strümpfe.

Zum Outfit gehören natürlich auch entsprechend passende Accessoires, Schmuck und ein angemessenes Äußeres wie eine ordentliche Frisur, gepflegte Fingernägel und geputzte Schuhe mit noch intakten Absätzen. Weder sollte man aufdringlich geschminkt sein noch eine Duftwolke schweren Parfüms hinterlassen.

Die korrekte Kleidung weckt von Anfang an Vertrauen, vermittelt Seriosität und eine positive Selbstdarstellung.

In diesem Zusammenhang gab mir eine frühere Vorstandsdame einmal den folgenden Tipp: »In eine gut sortierte Schublade der Sekretärin gehören für den Notfall immer Nadel und Faden, Aspirin und eine Ersatzstrumpfhose.«

Die Männer haben es da etwas leichter. Mit dem dunkelgrauen, dunkelblauen oder schwarzen Nadelstreifenanzug, dazu passend ein weißes oder pastellfarbenes Hemd, liegen sie in den meisten Managementetagen richtig. Die Krawatte sollte dabei nicht grell sein und farblich zum Hemd passen.

Weiße Socken, Sandalen oder Turnschuhe sind absolut tabu. Das Schuhwerk sollte immer geschlossen sein. Wenn Sie keinen Kundenkontakt haben, können Sie als Mann durchaus auch ein kurzärmeliges Hemd ohne Krawatte und Sakko tragen – ansonsten herrscht (leider) Krawattenzwang.

Lockerer und farbenfroher geht es beispielsweise in den Vertriebs- und Werbeagenturen oder der IT- und Modebranche zu. Meistens herrscht dort kein Dresscode und jeder trägt frei nach Gusto und darf seiner Kreativität freien Lauf lassen.

Diese Outfit-Vorgabe kann man jedoch nicht verallgemeinern. Es kommt vielmehr auf die jeweilige Unternehmenskultur und Ihre Position an: Unterscheiden Sie, ob Sie in der Geschäftsleitung oder eher im lockeren Team einer Marketingabteilung arbeiten.

Visitenkarten

»Darf ich Ihnen meine Visitenkarte überreichen?« Visitenkarten sind im Geschäftsleben ein absolutes Muss, um Kontaktdaten mitzuteilen, und werden meist bei geschäftlichen Anlässen ausgetauscht.

Sie sagen immer etwas über den persönlichen Stil und den Geschmack der Person oder des Unternehmens aus. Es gibt die unterschiedlichsten Variationen: von knallbunt bis schlicht, dünnes Papier oder lieber dickes Kartonpapier mit Goldkante, mit oder ohne Logo, mit Effekten und noch vielem mehr. Das Design sollte der Branche entsprechen und nicht zu viele unterschiedliche Schriftarten enthalten. Die wichtigsten Informationen sollten dem Betrachter sofort ins Auge fallen.

Auf Visitenkarten sind der Firmenname, der vollständige Name, die Berufsbezeichnung, die zuständige Abteilung, Geschäftsadresse, Telefon- und Faxnummer, E-Mail-Adresse und die Firmenhomepage enthalten. Es bleibt zu entscheiden, ob auch die geschäftliche oder private Handynummer abgedruckt wird.

Man kann die Karten auch zweiseitig bedrucken lassen (auf der Vorderseite die deutsche Bezeichnung, auf der Rückseite die englische). In einigen Fällen befindet sich auch die private Anschrift auf der Rückseite der Visitenkarte.

Erhält man eine Visitenkarte, sollte man sich einen Moment Zeit nehmen, um ihr ausreichend Aufmerksamkeit zu schenken, und sie anschließend sorgfältig in seine Brieftasche oder in das Visitenkartenetui legen. Damit zeigt man seinem Gesprächspartner den entsprechenden Respekt.

Wichtig ist es, für die Übergabe den richtigen Moment abzupassen. Dies sollte nicht gleich am Anfang des Gespräches, aber auch nicht am Ende, sondern in einem passenden Moment erfolgen. Unhöflich ist es, Personen, die ebenfalls an der Gesprächsrunde teilnehmen, bei der Übergabe seiner Visitenkarte auszulassen.

Visitenkarten werden auch gern mit einer handschriftlichen Notiz als Ersatz für Kurzbriefe genutzt, zum Beispiel beim Übersenden von Geschenken, Blumensträußen oder Geschäftsunterlagen.

Duzen oder Siezen

»Sollen wir uns nicht duzen?« Haben Sie das schon einmal gehört und sich nicht so richtig wohl dabei gefühlt? Aus Angst, denjenigen vor den Kopf zu stoßen, haben Sie dann schließlich eingewilligt. Des Öfteren passiert dies in einer lockeren Atmosphäre, beispielsweise auf Betriebsfeiern. Am nächsten Morgen merkt man dann plötzlich, dass doch Zweifel in einem aufsteigen.

Bevor Sie sich die ganze Zeit mit dieser falschen Entscheidung herumquälen, sollten Sie Ihren Fehler am besten sofort zur Sprache bringen und Ihre Gefühle der betreffenden Person mitteilen. Manchmal fühlt man sich doch mit einem »Sie« einfach wohler, da man eine gewisse Distanz wahren kann und nicht mit unangebrachten Vertraulichkeiten behelligt wird.

Gerade bei Vorgesetzten kann man Wünsche und Kritik eher vorbringen, denn es ist am Ende einfacher zu sagen »Sie Fiesling« als »Du Fiesling«. Ebenso kann das Duz-Verhältnis mit dem Chef negativ auf Kollegen wirken und es entstehen Gerüchte über Bevorzugung oder Ähnliches.

Die Ablehnung des Du-Angebots sollte allerdings so freundlich wie möglich ausgesprochen werden, um das Verhältnis zu dieser Person nicht zu belasten: »Ich fühle mich von Ihrem netten Angebot sehr geschmeichelt. Allerdings würde ich doch lieber beim Sie bleiben, da ich dies am Arbeitsplatz für angebrachter halte. Ist das für Sie in Ordnung?«.

Generell wird das »Du« im geschäftlichen Bereich vom Ranghöheren angeboten, im privaten Bereich geht die vertrauliche Anrede vom Älteren aus, ganz gleich ob Frau oder Mann.

In vielen internationalen Unternehmen gehört das Duzen unter Mitarbeitern bereits zur Unternehmenskultur. Daran muss man sich allerdings anfangs erst einmal gewöhnen, wenn man einen unbekannten Abteilungs- oder den Personalleiter mit dem Vornamen ansprechen soll. Ausgenommen davon sind meistens nur die Geschäftsführer oder Vorstände.

Sowohl im Privaten als auch im Geschäftsleben empfinden viele die verbreitete Form des »Sie« in Kombination mit dem Vornamen als eine elegante Zwischenlösung (»Sabine, könnten Sie bitte …«).

Falls Sie die Möglichkeit haben, sollten Sie erst nach reiflicher Überlegung über das Du oder Sie entscheiden, um einen negativen Nachgeschmack zu vermeiden. Sind Sie jedoch bei einem sympathischen Kollegen sicher, dass für Sie das Duzen in Ordnung ist und er Sie weiterhin mit dem gebührenden Respekt behandelt, können Sie es ihm getrost anbieten.

Tipp

Handelt es sich jedoch um offiziellen geschäftlichen Schriftverkehr, ist es empfehlenswert, den Duz-Kollegen darin zu siezen, da dieses Schreiben eventuell an andere Stellen weitergeleitet oder abgelegt werden.

Verdienen Sie, was Sie verdienen?

Gehaltsgespräch

Wer nicht fragt, der nicht gewinnt! Das Gehaltsgespräch gehört wohl zu den gefürchtetsten Gesprächen und man drückt sich gern davor, weil es ein heikler und unangenehmer Anlass ist. Zudem hört und liest man, dass überall Arbeitsplätze abgebaut werden und man doch froh sein sollte, überhaupt einen Job zu haben.

Dennoch sind mal wieder ein Motivationsschub und eine Anerkennung der eigenen Leistungen an der Reihe. Also nur Mut, trauen Sie sich an ein Gehaltsgespräch! Machen Sie sich bewusst, dass Sie kein Bittsteller sind, sondern nur eine angemessene Entlohnung für Ihre Leistungen fordern. Fragen Sie nicht den Chef, ob er eigentlich mit Ihnen zufrieden ist, sondern sagen Sie, dass Sie gern mit ihm über Ihre Leistungen sprechen möchten.

Im Vorfeld sollten Sie sich jedoch gründlich auf dieses Gespräch vorbereiten und vor allem strategisch vorgehen. Unterziehen Sie sich vorher einer kritischen Selbstprüfung: Habe ich eine Gehaltserhöhung überhaupt verdient? Wie viel verdienen andere Kollegen in ähnlicher Position? Bin ich bereit, anschließend mehr Verantwortung zu übernehmen, mich weiterzubilden und mehr in die Arbeit zu investieren? Könnte ich auf mehr Freizeit verzichten? Welche besonderen Stärken, Erfolge und Pluspunkte habe ich vorzuweisen?

Wichtig für eine optimale Vorbereitung auf ein erfolgreiches Gehaltsgespräch sind folgende Aspekte:

1. Richtiger Zeitpunkt
Sie kennen Ihren Chef am besten. Wann ist der richtige Zeitpunkt für ein entspanntes Gespräch? Auf keinen Fall in hektischen Phasen, beispielsweise vor einer wichtigen Sitzung oder einem Vortrag, mit diesem Anliegen zu ihm kommen. Sinnvoll ist es auch nicht gerade im Anschluss an einem Misserfolg Ihrerseits, dieses Thema anzusprechen. Nehmen Sie lieber ein er-

folgreich abgeschlossenes Sonderprojekt, eine gut organisierte Konferenz oder das Ende der Probezeit als Aufhänger für dieses Gespräch. Passen Sie also den strategisch richtigen Moment ab. Reden Sie eher von einem Beurteilungsgespräch als von einer Gehaltsverhandlung. Das gibt mehr Spielraum.

2. Ihre Stärken

Machen Sie sich Ihre Stärken bewusst. Wo sind Sie erfolgreicher als andere? Welche besonderen fachlichen und beruflichen Kompetenzen bringen Sie mit, die der Firma von Vorteil sind? Schreiben Sie Ihre Stärken auf und haben Sie sie immer griffbereit. So gehen Sie gestärkt in das Gehaltsgespräch. Zeigen Sie Motivation, Engagement und Einsatzfreude, denn wer überzeugt ist, überzeugt.

3. Sprechen Sie über Ihre Erfolge

Es ist wichtig, dass Ihr Chef weiß, was Sie tagtäglich alles leisten – reden Sie darüber, wenn es angemessen ist! Dann wird er nicht von Ihrer Gehaltsforderung überrascht und auch bereit sein, Ihre Leistungen angemessen zu vergüten. Nach einer Befragung von Führungskräften ist eine Beförderung zu 60 Prozent davon abhängig, wie effektiv ein Mitarbeiter auf sich aufmerksam machen kann. Betreiben Sie daher Selbst-PR und seien Sie sich bewusst, was Sie wert sind!

4. Gute Argumentation

Setzen Sie die »Chefbrille« auf! Jetzt heißt es, sich in die Gedankenwelt des Chefs zu versetzen und sich auszumalen, wie er reagieren könnte. Sie müssen ihm seinen Vorteil Ihrer Gehaltserhöhung wie beispielsweise höhere Motivation, effektiveres Arbeiten, Steigerung der Effizienz etc. deutlich machen, dann haben Sie gewonnen! Versuchen Sie, Sicherheit in der Argumentation auszustrahlen, und reden Sie nicht um den heißen Brei herum.

Sprechen Sie über Ihre zusätzlich erbrachten Leistungen, Sonderprojekte, über Ihre Weiterbildung auf Spezialgebieten, Ihre Überstunden oder erfolgreiche Sitzungen.

Verteilen Sie Ihre Argumente taktisch: Beginnen Sie mit einem starken, um die Aufmerksamkeit zu wecken, und heben Sie sich das Beste bis zum Schluss auf.

Beurteilungskriterien von Vorgesetzten für ihre Mitarbeiter sind:

1. Arbeitsqualität und -quantität
2. Durchsetzungsvermögen
3. Einsatzbereitschaft
4. Initiative
5. Kreativität
6. Pünktlichkeit
7. Selbstständigkeit
8. Teamfähigkeit
9. Entwicklungsfähigkeit
10. zufriedenstellendes Zuarbeiten

Versuchen Sie auch zu überlegen, wie Ihr Chef Ihre Argumente entkräften könnte, wie zum Beispiel mit dem typischen Gegenargument: »Wir müssen leider momentan sparen« oder »Ihre Kollegen verdienen aber bei Weitem nicht so viel …«

Wie bei einer guten Schachpartie sind hier strategisches Geschick und Überzeugtsein vom eigenen Können gefragt.

Informieren Sie sich mithilfe des Geschäftsberichtes über die aktuelle Situation des Unternehmens. Belegen Sie, dass es der Firma doch gar nicht so schlecht geht und dass es durchaus auch in ihrem Interesse sein kann, gute und engagierte Mitarbeiter zu haben und sie zu motivieren.

Eine hilfreiche Übung ist das Verhandlungsgespräch im Rollenspiel vorher zu üben. Suchen Sie sich einen geeigneten Partner, der Sie aus der Reserve locken kann. Letztendlich muss Ihre Gehaltserhöhung dem Chef mehr bringen, als sie ihn kostet.

5. Einstieg

Fallen Sie nicht gleich mit der Tür ins Haus. Es sollte zunächst eine nette und entspannte Atmosphäre hergestellt werden. Small Talk ist ein guter Einstieg, um dann auf Ihre Stärken und Leistungen zu sprechen kommen.

Hören Sie auf Ihren Bauch, wenn dieser Ihnen signalisiert, dass der richtige Zeitpunkt gekommen ist. Sprechen Sie am besten erst über Ihren konkreten Gehaltswunsch, wenn Sie dazu aufgefordert werden.

6. Forderung

Informieren Sie sich im Vorfeld über die gängigen Gehälter (zum Beispiel durch regelmäßig aktualisierte Gehaltsstatistiken) Ihrer Berufsgruppe. Bleiben Sie realistisch. Die Verhandlungsspanne sollte zwischen fünf und zehn Prozent liegen. Auch ist es anschaulicher, in Prozentsätzen zu sprechen als in Zahlen.

Eine zu niedrige Gehaltsforderung könnte den Eindruck vermitteln, dass Sie dringend auf den Arbeitsplatz angewiesen sind oder Ihre Qualitäten unter den Scheffel stellen.

Falls der Chef eher ein visueller Typ ist, ist es sinnvoll, seine Forderungen vorher schriftlich einzureichen und anschließend darüber zu sprechen.

Folgende Fehler in der Argumentation sollten Sie bei der Gehaltsverhandlungen unbedingt vermeiden:

1. Ich bin doch schon so lange hier.
2. Ich bin die/der Beste von allen.
3. Alles wird teurer.
4. Meine Kollegen verdienen alle mehr als ich.
5. Woanders würde ich viel mehr verdienen als hier.

Diese Argumente zeugen von Unprofessionalität und würden den Vorgesetzten nur unter Druck setzen.

Was tun Sie jedoch im »worst case«, wenn Ihr Chef einer Gehaltserhöhung erstmal nicht zustimmt? Bleiben Sie ruhig, auch wenn Sie furchtbar enttäuscht sind. Lassen Sie sich nicht von Ihren Emotionen leiten, sonst wird Ihnen das als mangelnde Kritikfähigkeit ausgelegt. Versuchen Sie nicht nur, Ihren Standpunkt zu verteidigen, sondern sich auch in die Rolle des Chefs zu versetzen. Bleiben Sie professionell und fragen Sie ihn, wie er sich die zukünftige Zusammenarbeit vorstellt und ob Ihre Forderung zu einem späteren Zeitpunkt Aussicht auf Erfolg hat. Vereinbaren Sie auf jeden Fall einen zeitnahen neuen Gesprächstermin, damit Sie der Mut nicht verlässt. Machen Sie sich Notizen über das Gespräch und die Argumentation des Chefs, damit Sie beim nächsten Mal gut darauf vorbereitet sind.

Vielleicht muss es ja auch nicht immer gleich Geld sein und Sie können ihn – als vorübergehende »Entschädigung« – nach einer entsprechenden Weiterbildung, einem Sonderurlaub oder – falls erforderlich – einem neuen Bürostuhl, Drucker oder Bildschirm fragen.

Beide Gesprächspartner sollten am Ende zufrieden sein und motiviert in die Zukunft blicken.

Rhetoriktipps

Um Ihre Überzeugungskraft als Sekretärin bei all den unterschiedlichen Herausforderungen auszubauen, können Sie einige rhetorische Grundregeln beherzigen.

Achten Sie im Gespräch auf folgende Punkte:

1. Sprechen Sie mit Begeisterung, indem Sie Ihre Stimme abwechslungsreich und lebendig modulieren.
2. Der Ton macht die Musik. Bleiben Sie stets sachlich und ruhig.
3. Treten Sie dem Gesprächspartner freundlich und kooperativ gegenüber, indem Sie lächeln, aber bitte kein Dauerlächeln.
4. Spielen Sie nicht mit den Haaren oder im Gesicht herum.
5. Beginnen Sie das Gespräch mit einer positiven Einleitung.
6. Unterstreichen Sie wichtige Aussagen mit Ihrer Gestik (Arme entsprechend bewegen).
7. Vermeiden Sie Füllwörter wie »eigentlich« oder »vielleicht« sowie sogenannte Weichspüler (»man könnte doch …« oder »es würde doch …«), sondern formulieren Sie stattdessen direkt: »Was halten Sie von …« oder »Mein Vorschlag ist …«. Versuchen Sie in der direkten »Chef-« bzw. Männersprache ohne Umschweife zu kommunizieren.
8. Vermeiden Sie ebenso Frage-Anhängsel wie »… oder etwa nicht?«, »… verstehen Sie, was ich meine?«, »… oder sehen Sie das anders?«
9. Heben Sie wichtige Informationen hervor, indem Sie sie stärker betonen.
10. Reden Sie nicht von »man«, sondern von »ich«.
11. Sprechen Sie den Zuhörer mit Namen an. Das weckt seine Aufmerksamkeit.
12. Halten Sie freundlich Blickkontakt, ohne den anderen anzustarren.
13. Sprechen Sie in kurzen klaren Sätzen, damit die Information leichter aufgenommen werden kann. Komplexen Schachtelsätzen kann man schlecht folgen.
14. Reden Sie nicht um den heißen Brei herum. Versuchen Sie, Ihr Anliegen auf den Punkt zu bringen.

15. Versuchen Sie, sich in den Zuhörer hineinzuversetzen und seine Gefühle anzusprechen. Was ist sein Ziel? Was will er?
16. Formulieren Sie abschließende Aussagen oder Fragen positiv. (»Das ist eine gute Idee« oder »Sehen Sie das auch so?«)
17. Stellen Sie mehr Fragen, als Antworten zu geben, denn wer fragt, der führt.
18. Stellen Sie offene »W-Fragen« (warum, wieso, weshalb, aus welchem Grund, wie, woher …).
19. Wenn Sie etwas nicht gleich verstanden haben, fragen Sie sofort nach.
20. Wenn Sie Zeit für eine Antwort brauchen, reagieren Sie am besten mit einer Gegenfrage. (»Wie meinen Sie das genau?«)
21. Lassen Sie sich nicht unter Zeitdruck setzen. (»Können wir uns später darüber unterhalten?«)

Hinterfragen Sie nicht Ihre getroffenen Aussagen »Ich bin mir nicht ganz sicher, aber wenn ich richtig informiert bin, dann …«. Machen Sie Ihrem Gegenüber deutlich, dass Sie zu Ihrer Meinung stehen und diese auch nicht so leicht zu revidieren ist.

Achten Sie zudem auf Ihre Sitzposition. Sitzen Sie nicht »wie auf dem Sprung« auf der Stuhlkante, sondern aufrecht auf der ganzen Sitzfläche. Die Arme liegen locker auf der Armlehne und die Schultern sind gerade und nicht hochgezogen. Übereinandergeschlagene Beine sollten in Richtung des Gesprächspartners zeigen.

Beim Stehen ist es wichtig, dass das gesamte Körpergewicht auf beide Beine gleich verteilt ist. Die Beine sollten hüftbreit auseinanderstehen. Das verhindert ein Taumeln und Verdrehen der Füße, was unsicher wirkt.

Eine sichere und positive Körperhaltung unterstreicht das von Ihnen Gesagte und lässt Sie kompetenter und souveräner wirken.

Erfolgsfaktoren im Sekretariat

Emotionale Intelligenz

Ein geflügeltes Wort – doch was versteht man eigentlich genau darunter? Überall liest und hört man es: Emotionale Intelligenz betrifft den Umgang mit uns selbst und mit anderen. »Was nützt einem der IQ, wenn man ein emotionaler Trottel ist?« Nach diesem Leitspruch des amerikanischen Psychologen Daniel Goleman setzt sich die Emotionale Intelligenz aus fünf Elementen zusammen:

1. Selbstbewusstheit
   (Fähigkeit eines Menschen, seine Stimmungen, Gefühle und Bedürfnisse zu akzeptieren und zu verstehen, und die Fähigkeit, deren Wirkung auf andere einzuschätzen. Hier geht es darum, sich selbst gut zu kennen.)
2. Selbstmotivation
   (Begeisterungsfähigkeit für die Arbeit, sich selbst unabhängig von finanziellen Anreizen oder vom Status motivieren zu können)
3. Selbststeuerung
   (Planvolles Handeln in Bezug auf Zeit und Ressourcen. Wir selbst können entscheiden, ob wir uns gerade über etwas ärgern wollen oder nicht.)
4. Soziale Kompetenz
   (Fähigkeit, Kontakte zu knüpfen und tragfähige Beziehungen aufzubauen, gutes Beziehungsmanagement und Netzwerkpflege)
5. Empathie
   (Fähigkeit, emotionale Befindlichkeiten anderer Menschen zu verstehen und angemessen darauf zu reagieren)

Emotionale Intelligenz bedeutet also auf der einen Seite, seine eigenen Gefühle und die anderer Menschen wahrzunehmen sowie auf der anderen Seite, sich selbst zu motivieren, die eigene Lebensqualität und die der Mitmenschen zu verbessern.

Die Fähigkeit, Gefühle bei sich und anderen bewusst wahrzunehmen, ist entscheidend für den Erfolg im Berufsleben. Durch die selbstkritische Analyse lassen sich die eigenen sozialen Kompetenzen trainieren und verbessern. Versuchen Sie, sich mehr mit sich und Ihren Bedürfnissen auseinanderzusetzen. Wie fühlen Sie sich? Was fehlt Ihnen? Verstehen Sie, was Ihnen Ihr Bauch und Ihre Intuition sagen wollen? Können Sie damit umgehen?

Versuchen Sie auch, auf fremde Menschen offen zuzugehen. Begeben Sie sich an Orte, an denen Sie möglichst viele verschiedene Menschen treffen und kennenlernen können. Beobachten Sie andere – offen und aufmerksam. Lernen Sie andere Kulturen kennen. Lernen Sie möglichst viel über die menschliche Psyche. Beschäftigen Sie sich mit den Themen, die andere bewegen. Lesen Sie die Lebensgeschichten anderer Menschen. Entdecken Sie sich und andere.

Das Ziel sollte sein, unsere Gefühle und unseren Intellekt in ein gesundes Gleichgewicht zu bringen. Das hilft Ihnen, in Ihrem Job erfolgreich und beliebt zu sein.

Wohlfühlfaktor

Versuchen Sie, Bedingungen herzustellen, unter denen sich Ihr Chef bei Ihrer Zusammenarbeit wohlfühlt. Man sollte ihn nicht zu sehr verwöhnen, tun Sie ihm aber ab und zu einen Gefallen, wie zum Beispiel ihm in der Mittagspause etwas mitzubringen oder seinen bevorzugten Tee zu kochen. Das kann Wunder bewirken. Mit solchen relativ kleinen Aufmerksamkeiten schafft man ein nettes Arbeitsklima.

Außerdem darf man nicht vergessen: Auch die Chefs müssen mal gelobt werden – wer sollte das sonst tun außer Ihnen?

Natürlich ist es umso schöner, wenn diese Aufmerksamkeiten auf Gegenseitigkeit beruhen. Man selbst freut sich natürlich ebenfalls über einen schönen Blumenstrauß oder eine Schachtel Pralinen – ohne besonderen Anlass.

Eigenmotivation

Wie in anderen Berufen auch, ist es nicht selbstverständlich, immer und überall gelobt zu werden. Im Gegenteil: Man ist oft – wie gesagt – der »Sündenbock« des Chefs, weil auch ihm Fehler unterlaufen oder er schlechte Laune hat. Den ganzen Tag ist man in Alarmbereitschaft und arbeitet unter

Hochdruck, hat Besucher empfangen, Präsentationen erstellt, nebenbei telefoniert, Briefe geschrieben, Protokoll geführt und vieles mehr. Da wünscht man sich am Ende des Tages auch eine Anerkennung und ein »Danke« vom Chef, oder?

Leider muss man es in den meisten Fällen jedoch schon als Lob werten, wenn der Chef an einer Sache nichts auszusetzen hat. Für ihn machen Sie nur Ihren Job und Sie sollten daher auch nicht zu viel von ihm erwarten. Häufig können Chefs sehr wohl loben, aber meistens dann die anderen Mitarbeiter, die nicht direkt mit ihm zusammenarbeiten. Dabei vergessen sie manchmal leider ihre engste Mitarbeiterin, weil bei ihr alles als selbstverständlich vorausgesetzt wird. Wahrscheinlich ist es vergleichbar mit den Eltern, die an ihre eigenen Kinder immer höhere Ansprüche stellen als an die anderer.

Deshalb ist Eigenmotivation von Zeit zu Zeit umso wichtiger. Machen Sie sich nicht vom Lob anderer abhängig, sondern sorgen Sie für sich selbst. Oft ist auch für Vorgesetzte Lob ein Fremdwort. Freuen Sie sich darüber, wenn etwas besonders gut gelaufen ist. Sehen Sie Erledigtes als Erfolg an. Das steigert das Selbstbewusstsein und Sie wissen, dass Sie gut sind.

Am wichtigsten ist die persönliche Einstellung zur Arbeit. Sie können meistens die Umstände und Menschen um sich herum nicht verändern, aber Ihre Einstellung dazu. Sie können nicht erwarten, dass alle so sind, wie Sie es sich wünschen. Sie sind kein fremdbestimmtes Opfer und Sie entscheiden ganz allein, ob Sie sich einer Situation stellen. Sie haben die Wahl zwischen: Love it, leave it or change it!

Versuchen Sie, nicht nur die Verantwortung für Ihren Arbeitsbereich zu übernehmen, sondern, so weit es in Ihrer Macht steht, auch für die Abläufe im Unternehmen. Das zeigt proaktives Mitdenken und unternehmerische Professionalität.

Sagen Sie sich »Ich will« anstatt »Ich muss«. Diese innere Einstellung macht sich sofort in Ihrer Leistungsbereitschaft bemerkbar. Nehmen Sie neue Aufgaben oder schwierige Situationen als Herausforderung an, denn daran wachsen Sie tagtäglich! Vielleicht entdecken Sie dadurch auch neue Talente in sich und können mehr Verantwortung übernehmen.

Erinnern Sie sich an Ihre Erfolge und glücklichen Momente in Ihrem Leben und schreiben Sie sie in Ihr persönliches Glücksbuch. Falls es Ihnen einmal schlecht geht und Sie an einem Tag nur Negatives erfahren, schauen Sie in dieses Buch und führen sich noch einmal die Glücksmomente vor

Augen und durchleben sie. Das baut Sie wieder auf. Wer sich selbst motivieren kann, verfügt über ein höheres Vermögen, Frust auszuhalten und trotzallem nicht aufzugeben.

Positiv denken

Zur Eigenmotivation gehört auch, positiv zu denken und an sich selbst zu glauben. Wenn mal ein Fehler passiert – was natürlich vorkommt – oder Kritik geübt wird, resignieren Sie nicht, sondern fragen Sie sich selbstkritisch: »Was lerne ich daraus?« So können Sie viele negative Empfindungen und Erlebnisse ins Positive wandeln. Versuchen Sie, eine positive Grundeinstellung zu Ihrem Job zu finden, damit Sie sich in erster Linie auf die guten Dinge konzentrieren können.

Das heißt natürlich nicht, immer alles schönzureden, denn das wäre Träumerei. Gemeint ist damit, bewusst zu versuchen, einer Sache auch Positives abzugewinnen. Statt das Ende des Wochenendes zu bedauern, kann man sich genauso gut fragen, worauf man sich am nächsten Tag am meisten freut. Somit kann man durch positives Denken die Stimmung beeinflussen, denn »unser Leben ist das, was unser Denken daraus macht«. Positiv denkende Menschen werden auch weniger angegriffen, da sie andere Menschen schnell für sich gewinnen können.

Tipp

Versuchen Sie, sich bei Situationen, in denen Sie unsicher sind, zu fragen: »Was ist das Schlimmste, das mir passieren könnte?« In den wenigsten Fällen trifft dies auch ein und es geht am Ende doch glimpflicher aus, als man es vermutet hätte. Somit wird Ihnen das Positive als Beweis vor Augen geführt.

Ziele setzen

Sowohl im privaten als auch im beruflichen Bereich sollte man sich regelmäßig reflektieren und neue Ziele setzen. Oft hat man das Gefühl, »in der Luft zu hängen«, und ist demotiviert. Dann sollte man in einer ruhigen Minute seine privaten und beruflichen Ziele definieren und sie sich vor Augen führen, sprich eine Bilanz seines Lebens ziehen: Möchte man vielleicht mehr Geld verdienen, eine Weiterbildung absolvieren, auf eine andere Position hinarbeiten, mehr Sport treiben, sich gesünder ernähren oder in eine andere Wohnung umziehen? Jeder Mensch hat eine andere Vorstellung von seinen Zielen und seiner Karriere. Schicken Sie Ihre Gedanken auf die Reise.

Ein lateinisches Sprichwort sagt:

> *Ein Schiff, das seinen Hafen nicht kennt,*
> *für das ist kein Wind günstig.*
> (Seneca)

Machen Sie sich aber auch Gedanken über die möglichen Konsequenzen, die ein gesetztes Ziel nach sich ziehen kann. Ist beispielsweise die höhere Position mit mehr persönlichem Einsatz und Überstunden verbunden, kann es sein, dass Ihr Privatleben darunter leidet. Man muss sich vorher darüber im Klaren sein, ob man auch bereit ist, die mit dem Ziel verbundenen Schattenseiten zu akzeptieren.

Für die Formulierung von Zielen bewährt sich die sogenannte SMART-Regel. Dabei kann es sich sowohl um Tages-, Wochen-, Monats-, aber auch um Jahresziele handeln.

SMART ist ein Akronym, welches aus den USA stammt und dabei hilft, anhand von fünf Kriterien zu prüfen, ob ein Ziel auch ein »richtiges« Ziel ist:

S = Specific (spezifisch-konkret)
Ist Ihr Ziel eindeutig und präzise formuliert? Haben Sie es schriftlich formuliert? Haben Sie ein klares Bild davon, wie es sein wird, wenn Sie Ihr Ziel erreicht haben? Ein individuelles Ziel wird eher erreicht als ein generelles.

Beispiel:
Statt: Ich wünsche mir einen übersichtlicheren Schreibtisch.
Besser: Ich mache jeden Tag eine halbe Stunde Ablage.

M = Measurable (messbar)
Außerdem muss das Ziel messbar sein. Woher weiß man sonst, ob man es erreicht hat?

Beispiel:
Statt: Ich möchte mehr Fachliteratur lesen.
Besser: Ich lese ab jetzt jeden Tag einen Fachartikel.

A = Achievable (erreichbar)
Darüber hinaus sollte das Ziel *für Sie* erreichbar sein. Die Zeit, die Sie dafür brauchen, sollte ebenfalls realistisch eingeplant sein. Sie sollten Ihre Ziele positiv und motivierend formulieren.

Beispiel:
Statt: Ich muss in einer Woche 5 kg abnehmen.
Besser: Ich nehme jede Woche 0,5 kg ab.

R = Realistic (realistisch)
Ihr Ziel kann ruhig hoch gesteckt sein, es muss aber realistisch sein. Entscheidend ist Ihre persönliche Einschätzung. Die Motivation, ein unerreichbar scheinendes Ziel anzustreben, ist nämlich gering.

Beispiel:
Statt: Ich werde Marathon laufen.
Besser: Ich werde jeden Tag joggen, um fit zu werden.

T = Time framed (Zeitrahmen – bis wann?)
Ist Ihr Ziel zeitlich zuzuordnen? Gibt es ein definiertes Ende? Was sind die Meilensteine, die Sie erreichen wollen? Man sollte einen Stichtag festlegen, um eine gewisse Dringlichkeit zu erreichen.

Beispiel:
Statt: Die Zusammenarbeit mit meinem Chef soll effektiver werden.
Besser: Bis zum Jahresende wird die Zusammenarbeit mit meinem Chef mithilfe von vereinbarten Zielvereinbarungen effektiver sein.

Indem Sie so vorgehen, verschaffen Sie sich auch Erfolgserlebnisse. Sie können zufrieden sein und sich sagen: »Schon wieder bin ich meinem Ziel einen Schritt näher gekommen.« Falls Sie wieder in Ihre alten Angewohnheiten zurückverfallen (und nicht jeden Tag die Ablage vor Feierabend schaffen), resignieren Sie nicht sofort.

Erfolge sollten aber auch gefeiert werden. Belohnen Sie sich mit einer Sache, die Ihnen guttut und auf die Sie sich freuen, wie zum Beispiel ein Theaterbesuch, ein Frisörtermin, den Besuch einer Ausstellung etc.

Weiterbildung

Es ist nicht genug, zu wissen, man muss auch anwenden;
es ist nicht genug, zu wollen, man muss auch tun.
(Johann Wolfgang von Goethe)

Da die Ansprüche im Berufsalltag stetig wachsen, sind Weiterbildungen für den Sekretariatsberuf von großer Wichtigkeit. Sie sollten stets »up to date« sein, um Ihren Chef effektiv unterstützen zu können. Stellen Sie sich die Frage, ob Ihr vorhandenes Wissen noch ausreicht oder ob es mittlerweile veraltet ist. Vielleicht bringt Sie ja auch eine Weiterbildung auf einem Spezialgebiet weiter, damit Sie neue Aufgabenstellungen meistern. Einmal im Jahr sollte man daher seinen Chef davon überzeugen, dass eine Weiterbildung nötig ist. Denn wer aufhört, besser zu sein, hört auf, gut zu sein.

Der Sekretariatsbereich bietet viele Möglichkeiten, sich weiterzubilden und seine Kenntnisse aufzufrischen. Bei zahlreichen Seminaranbietern (siehe Kapitel »Wichtige Webadressen«) findet sich eine breite Palette an Seminaren zur Spezialisierung in folgenden Bereichen:

Fremdsprachen:
- Business English
- English on the phone
- Weitere Fremdsprachen

Kommunikation und Korrespondenz:
- Rhetorik
- Richtig Telefonieren
- Geschäftsbriefe verfassen

Büromanagement:
- Betriebswirtschaftslehre
- Projektmanagement
- Controlling

Marketing und PR:
- Organisation von Veranstaltungen, Messen, Events

Personal und Recht:
- Mitarbeiterführung
- Personalwesen
- Bewerberauswahl
- Arbeitsrecht
- Juristisches Fachwissen
- Finanzwissen

Arbeitstechniken:
- Ziel-, Zeit- und Selbstmanagement
- Chefentlastung
- Teamassistenz
- Kommunikationstraining
- Informationsmanagement
- Besucher- und Gästebetreuung
- Ablage- und Dokumentenmanagement
- Protokollieren
- Büromanagement
- Arbeiten für mehrere Vorgesetzte (Multi-Tasking)

Persönlichkeit:
- Persönlichkeitstraining
- Psychologie
- Konfliktmanagement
- Durchsetzungstraining
- Büroknigge
- Umgang mit Burnout
- Gedächtnistraining
- Lesetechniken
- Selbst- und Fremdbild
- Schlagfertigkeit
- Gelassenheit

EDV:
- MS-Office
- Präsentationen mit PowerPoint erstellen
- Excel
- Corel Draw
- Lotus Notes/Outlook
- SAP
- u. v. m.

Darüber hinaus werden auch von einigen Veranstaltern nebenberufliche Fernlehrgänge, beispielsweise zur »Staatlich geprüften Management-Assistentin« angeboten, in denen die Prüfungsfragen zu Hause bearbeitet werden können.

Zudem fördern Seminare und Weiterbildungen durchaus den Netzwerkgedanken – denn Sie treffen auf den Veranstaltungen Kolleginnen aus anderen Unternehmen, mit denen Sie sich austauschen können. Man merkt bei diesen Gesprächen, dass man mit seinen Problemen nicht alleine dasteht, da die Kolleginnen im Büro mit ähnlichen Situationen und Schwierigkeiten zu kämpfen haben. Und wer weiß, wozu solche Kontakte in der Zukunft gut sein können (s. Kapitel »Net(t)working«)?

Manchmal ist es jedoch schwierig, von seinen Vorgesetzten ein Weiterbildungsseminar genehmigt zu bekommen, da sie der Meinung sind, dass Sie ja so gut sind, dass Sie eigentlich nichts mehr dazulernen müssen, gemäß dem Motto: »Sie können doch eh schon alles.«

Machen Sie sich die Mühe und zeigen Sie ihm schriftlich die Vorteile auf, die eine Weiterbildung für ihn mit sich bringt, wie zum Beispiel effektivere und sinnvollere Arbeitstechniken bei der Chefentlastung oder professionellere Kommunikation am Telefon. Eingefahrene Arbeitsprozesse werden optimiert und die Außenwirkung verbessert. Durch diese Auflistung erkennt er auch, dass Sie sich ernsthaft mit dem Thema auseinandergesetzt haben und wirklich an einer Weiterbildung interessiert sind.

Außerdem sparen Sie Zeit, wenn Sie gleich ein Seminar besuchen, statt sich die erforderlichen Fähigkeiten selbst beibringen zu müssen (z. B. bei einem neuen Computerprogramm).

Es ist immer sinnvoll, über den Tellerrand zu schauen und seine Fähigkeiten nicht verkümmern zu lassen. Dies gilt besonders auch für betriebswirtschaftliche Seminare, in denen man die Zusammenhänge und Hintergründe der wirtschaftlichen Strukturen im Unternehmen besser verstehen lernt.

Seien Sie kooperativ und kommen Sie Ihrem Chef entgegen, indem Sie ein Seminar in Ihrer Nähe auswählen. Das wirkt sich positiv auf die Reisekosten aus. Falls es nicht anders vereinbar ist, bieten Sie Ihrem Chef an, Urlaub für den Seminarzeitraum zu nehmen oder Überstunden zu verrechnen. Stellen Sie auch schon zuvor sicher, dass das Sekretariat während Ihrer Abwesenheit mit einer guten Vertretung besetzt ist, und kommen Sie so dem Chef in seiner Argumentation zuvor.

Bei einigen Unternehmen ist es sogar vorgeschrieben, dass die Mitarbeiter sich ein- bis zweimal im Jahr entweder extern oder intern weiterbilden.

Man kann sein Wissen auch parallel durch Fachzeitschriften oder Tageszeitungen wie beispielsweise »Die Welt«, »Frankfurter Allgemeine«, »Die Süddeutsche Zeitung«, »Financial Times Deutschland«, »Der Spiegel«, »Focus«, »Wirtschaftswoche«, »ManagerMagazin« oder Sekretariatshandbücher und Office-Zeitschriften vertiefen. Vielleicht werden sie sogar von Ihrem Unternehmen abonniert?

Es ist empfehlenswert, immer in seiner Branche und seinem Arbeitsbereich auf dem Laufenden zu bleiben, um beim Tagesgeschehen mitreden zu können. Informieren Sie sich über das Wichtigste, so viel Zeit sollte sein. Bleiben Sie neugierig und bereit, permanent dazuzulernen.

Tipp

Ein gutes Allgemeinwissen ist meistens die Voraussetzung für eine erfolgreiche Kommunikation. Denn wer sich in Politik, Wirtschaft, Kultur und Gesellschaft grundsätzlich auskennt, kann fast überall mitreden.

Net(t)working

Der Volksmund sagt: »Verbindungen schaden nur dem, der keine hat.« Ein persönliches Netzwerk ist sowohl für den privaten als auch für den beruflichen Erfolg wichtig – nicht nur für Manager. Ein Netzwerk ist für Firmenkontakte nützlich und bietet hilfreiche Informationsquellen. Netzwerke können auch den Weg in einen neuen Job eröffnen, beispielsweise durch Kontakte zu Trainern, Coaches oder Personalvermittlungen. In den meisten Fällen werden vakante Positionen schon nicht mehr öffentlich ausgeschrieben, sondern meist über geschäftliche Beziehungen besetzt. Untersuchungen haben ergeben, dass der Bekanntheitsgrad bis zu 60 Prozent an Beförderungen beteiligt ist und die eigene Leistung gerade mal zu 10 Prozent. Daher ist es ratsam, sein persönliches Netzwerk zu nutzen.

Von Freunden und Bekannten können Sie ebenfalls Informationen über ein Unternehmen oder eine Empfehlung für eine Stellenausschreibung erhalten.

Networking können Sie, wie schon erwähnt, auch hervorragend auf Weiterbildungsveranstaltungen betreiben. Dort lernt man nebenbei nette Kolleginnen und kompetente Ansprechpartnerinnen kennen, mit denen man sich rund um den Job austauschen kann. Manchmal entwickeln sich daraus sogar wertvolle Freundschaften.

Während der Ausbildung oder des Studiums hat man ebenfalls die Möglichkeit, viele Kontakte zu knüpfen.

Eine weitere Alternative des Networking bieten die Regionalgruppen des bsb-Bundesverband Sekretariat und Büromanagement e. V. oder der EUMA, European Management Assistants, die sich regelmäßig an verschiedenen Orten treffen, um Erfahrungen auszutauschen und Networking zu betreiben (Kontaktadressen finden Sie unter »Wichtige Webadressen«). Ebenso bieten Messebesuche oder Sekretärinnen-Foren im Internet eine Plattform für Kontakte.

Haben Sie jedoch etwas Geduld. Die Kontaktpflege benötigt Zeit. Die anderen Personen müssen Sie erst einmal kennenlernen. Genauso wichtig ist es, ein guter Zuhörer zu sein und sich für die anderen zu interessieren, denn nur das schafft Sympathie. Einen leichten Gesprächseinstieg bieten Gemeinsamkeiten, wie zum Beispiel ein gemeinsames Hobby oder die Ausbildung. Das Geheimnis des erfolgreichen Networking liegt darin, sowohl Nutzen für die anderen als auch für sich zu schaffen.

Legen Sie sich eine entsprechende Adressdatei an und kontaktieren Sie Ihre Netzteilnehmerinnen regelmäßig, denn ein erfolgreicher Kontakt lebt vom Geben und Nehmen. Nur wer sich für andere Zeit nimmt, kann auch von ihnen profitieren.

Wenn Sie Hilfe benötigen, können Sie dann auf Ihr Netzwerk zugreifen. Es findet sich bestimmt jemand (der wieder jemanden kennt), der Ihnen mit einem Rat weiterhelfen kann.

Networking können Sie aber auch in Ihrem Arbeitsumfeld wie in der Kaffeeküche, im Kopierraum oder in der Mittagspause mit Ihren Kollegen betreiben. Großer Beliebtheit erfreuen sich auch After-Work-Partys, auf denen man außerhalb des Büroalltags seine Kollegen kennenlernen kann. Durch gemeinsame Aktivitäten bekommt man einen guten Draht zueinander und die Atmosphäre am Arbeitsplatz wird verbessert.

Folgende Punkte sprechen daher für ein funktionierendes Netzwerk:

1. Sie können sich schnell mit anderen Kolleginnen über Problemstellungen austauschen und Hilfe erfahren.
2. In einigen Netzwerken werden Seminare und Vorträge angeboten, bei denen Sie Ihren Horizont erweitern und wiederum Kontakte knüpfen können.
3. Netzwerke sind hervorragend zur Eigenwerbung geeignet, wenn man sich weiterempfiehlt.
4. Sie erhalten Referenzen, beispielsweise von Seminaren oder Lehrgängen, die andere Netzwerker schon besucht haben.
5. Sie können sich mit Kolleginnen aus der Branche vergleichen, wenn es zum Beispiel um Ihre nächste Gehaltsverhandlung geht.
6. Es macht Spaß, mit »Gleichgesinnten« in Kontakt zu treten, und steigert die Eigenmotivation.

Mut und Offenheit

Damit ist Mut zu Veränderungen und Wille zum Erfolg gemeint: Vertrauen Sie Ihren Stärken, entwickeln Sie Ehrgeiz und das Selbstvertrauen, etwas Neues auszuprobieren. Das muss nicht zwangsweise ein neuer Job sein, sondern kann durchaus im gleichen Unternehmen stattfinden, wenn zum Beispiel eine neue Stelle auf höherer Ebene ausgeschrieben ist.

Wenn Sie merken, dass Sie »auf der Stelle treten«, sollten Sie sich fragen, was Sie verändern könnten, damit Sie wieder zufrieden sind. Was für Qualifikationen und Weiterbildungen brauchen Sie, um eine weitere Stufe bei Ihrer Zielsetzung zu erreichen? Denn Stillstand bedeutet Rückschritt und demotiviert auf die Dauer. Man kann alles erreichen, man muss sich dafür »nur« anstrengen. Am Ende, wenn Sie an Ihrem Ziel angekommen sind, können Sie stolz auf sich sein, und – ganz wichtig – Ihr Selbstbewusstsein wird gestärkt.

Bleiben Sie offen und flexibel für berufliche Veränderungen. In der heutigen Zeit sind Veränderungen und neue Prozesse an der Tagesordnung. Immer wieder gibt es neue Computerprogramme, neue Technologien und Arbeitsprozesse. Man muss oft seine gewohnte Arbeitsweise verlassen und über den Tellerrand schauen. Bleiben Sie auf dem Laufenden und bewahren Sie Ihre geistige Flexibilität.

Neider

Unterschätzen Sie nicht den Neid von Kollegen. Vergessen Sie nie: Sie haben die Position, weil Sie gut sind, sonst hätte sie ein anderer!

In Ihrem Beruf gibt es viele Neider, die Ihnen den Erfolg oder die Position nicht gönnen, meistens weil sie selbst nicht den Mut dazu hatten, neue Herausforderungen anzunehmen.

Frauensolidarität ist bei manchen Kolleginnen leider ein leeres Wort. Sehen Sie Neid als ein verstecktes Kompliment für Ihre Arbeit an und seien Sie stolz auf Ihre Position! Sie können es sowieso nicht jedem recht machen und von allen gleichermaßen geschätzt sein.

Wenn Sie sich im Wettbewerb mit anderen befinden, akzeptieren Sie aufkommende negative Gefühle. Sollte eine Konkurrentin Gerüchte über Sie verbreiten, bleiben Sie fair und zahlen es ihr nicht mit gleicher Münze heim. Falls die Lage für Sie belastend wird, suchen Sie das Gespräch mit der Kollegin und bereiten Sie sich vorher mental darauf vor. Aussitzen und innerlicher Ärger verschlechtern und verhärten auf lange Sicht nur die Stimmung.

Humor und Gelassenheit

Lassen Sie sich nicht den Spaß an der Arbeit verderben. Versuchen Sie, nicht alles ganz so eng zu sehen und auch mal über sich selbst zu lachen – dann ist alles nur noch halb so schlimm. Mit einer Portion Humor und Gelassenheit meistern Sie den Arbeitsalltag einfach besser.

Gute Laune wirkt ansteckend! Begegnen Sie Menschen mit einem Lächeln, sie werden dieses erwidern.

Versuchen Sie, andere Menschen mit Ihrer guten Laune mitzureißen. Ändert sich die Stimmung des anderen und können Sie ihm ein Lächeln entlocken, haben Sie es geschafft.

Einen Großteil seines Lebens verbringt man mit Arbeiten und sollte auch Spaß machen, denn Arbeitszeit ist Lebenszeit. Daher sind Optimismus und Gelassenheit für den Job dringend erforderlich. Mit Humor lässt sich auch Kritik am besten vermitteln.

Wichtig ist es dabei auch, den Dingen und den Menschen eine gewisse Toleranz entgegenzubringen. Wer sich ständig über andere ärgert, verhärtet. Wer gelassen ist, kann die Menschen so akzeptieren, wie sie sind. Man selbst hat auch seine Fehler und Schwächen, die die anderen akzeptieren müssen.

Außerdem ist das Leben viel zu kurz, als dass man sich über unwichtige Vorfälle grämen sollte. Wie heißt es so schön: Heute ist der erste Tag vom Rest Ihres Lebens.

Persönlichkeit

> *Der Charakter ruht auf der Persönlichkeit, nicht auf den Talenten.*
> (Johann Wolfgang von Goethe)

Bleiben Sie sich selbst treu und bewahren Sie Ihre natürliche Ausstrahlung – es hat keinen Sinn, sich zu verstellen. Wer authentisch ist, hinterlässt einen starken Eindruck! Um zu überzeugen, müssen Sie nicht anders sein. Vergleichen Sie sich nicht mit Kollegen oder Konkurrenten, denn jeder ist einmalig.

Man kann beispielsweise aus einem introvertierten Menschen nicht auf einmal einen extrovertierten machen. Wenn man langfristig mit Menschen zusammenarbeiten will, ist es nicht sinnvoll, sich als jemand anderer darzustellen. Das wirkt aufgesetzt und künstlich.

Vergleichbar einem Theaterstück müsste man sich in einer solchen Situation jeden Tag eine Maske aufsetzen und eine Rolle spielen – aber irgendwann kommt doch das wahre Ich zum Vorschein. Dieses künstliche Image kann sogar zur Belastung werden, denn Ihre Mitmenschen erwarten von Ihnen, dass Sie sich immer so verhalten, wie sie es ja von Ihnen kennen. Sind Sie beispielsweise immer hilfsbereit und machen ganz selbstverständlich Überstunden, wird es Ihnen schwerfallen, wenn Sie mal früher gehen wollen und Ihre Hilfe verweigern müssen. Somit entsteht großer Druck von außen. Daher ist es sinnvoll, sich vorher Gedanken zu machen, wie man nach außenhin auftritt und wirken möchte: hilfsbereit, kompetent, dominant, unscheinbar, redselig, sozial oder unnahbar? Das Optimale wäre, wenn Sie mit Ihren eigenen Bedürfnissen in Einklang wären.

Stehen Sie zu Ihrer Persönlichkeit und bewahren Sie sie sich. Machen Sie sich bewusst, was Sie auszeichnet und was Sie im Vergleich zu anderen Kollegen besonders gut können bzw. was Sie haben, wie zum Beispiel hervorragendes Organisationstalent, besondere Affinität zu Zahlen, gute Kommunikationsfähigkeit, besonderes Verhandlungsgeschick oder hohe soziale Kompetenzen? Bauen Sie diese Fähigkeiten aus und erarbeiten Sie sich auf diese Weise einen höheren Stellenwert im Unternehmen. Erfolg ist somit ganz klar auch eine Frage von Persönlichkeit.

Selbsteinschätzung

Es ist wichtig, dass man sich selbst gut einschätzen kann. Studien belegen, dass Frauen mehr Selbstzweifel haben und sich häufiger unterschätzen als Männer. Oft entsteht eine Diskrepanz zwischen Selbst- und Fremdbild, denn viele Menschen wirken auf andere ganz anders, als sie glauben. Deshalb ist es sinnvoll, die eigene Einschätzung zu überprüfen.

Befragen Sie Ihre Freunde oder gute Bekannte, wie diese Sie sehen, was nach deren Meinung Ihre Stärken und Schwächen sind. Zu solch einer ehrlichen Äußerung gehört natürlich auch eine Menge Mut – von beiden Seiten. Es ist manchmal ganz interessant zu erfahren, wer welche Wesenszüge wahrnimmt und wie unterschiedlich Schwerpunkte gesetzt werden.

So kann es beispielsweise sein, dass Sie sich selbst als eher introvertiert einschätzen, Ihre Mitmenschen das aber ganz und gar nicht so sehen, weil sie vielleicht unter Introvertiertheit etwas ganz anderes verstehen.

Möglicherweise fühlen Sie sich innerlich unsicher und meinen, sich nicht durchsetzen zu können. Ihr Gegenüber sieht das aber ganz anders: Für ihn stellen Sie eine selbstbewusste Frau dar, die weiß, was sie will.

Eine andere Möglichkeit der Erkenntnis bieten auch entsprechende Fortbildungen, wie beispielsweise ein Rhetorikseminar, das mit Video begleitet wird. Man entdeckt auf einmal Angewohnheiten, die einem sonst nicht auffallen, wie zum Beispiel nervöses Zucken der Augen, ständiges Zurückkämmen einer Haarsträhne oder wiederholtes Räuspern beim Sprechen vor Publikum.

Es lohnt sich, sein Wesen zu hinterfragen und neue Eindrücke zuzulassen, um somit flexibler und selbstkritischer handeln zu können. Das Ziel sollte sein, sich sein Verhalten bewusst zu machen und negative Muster zu erkennen. Wer seine Schwächen und Fehler kennt, ist immer im Vorteil.

Zusammenfassend setzt sich die **SEKRETÄRIN** demnach aus folgenden »Bestandteilen« zusammen:

S wie Selbstbewusstsein
E wie Eigeninitiative
K wie Kreativität
R wie Rhetorik
E wie Einfühlungsvermögen
T wie Taktgefühl
Ä wie Ästhetik
R wie Ruhepol
I wie Intelligenz
N wie Natürlichkeit

Zu guter Letzt:
Die zehn Gebote für eine Sekretärin

1. Lächeln Sie! Dieses Lächeln übertragen Sie ganz automatisch auf Ihre Umwelt. Außerdem werden Glückshormone produziert und Sie haben eine positive Ausstrahlung.
2. Wenn Sie mit etwas unzufrieden sind, dann sprechen Sie es an, jedoch in einer höflichen und sachlichen Form. Jammern bringt einen nicht weiter, die Umstände werden sich dadurch nicht ändern.
3. Versuchen Sie, positiv zu denken und sich als Gewinner zu fühlen. Sie werden spüren, dass alles gleich viel besser läuft.
4. Ergreifen Sie die Initiative, denn nur Sie sind für Ihren Bereich verantwortlich. Schaffen Sie sich neue Herausforderungen, indem Sie sich an unbekannte Aufgaben wagen.
5. Hinterfragen Sie Routineabläufe. Nur weil es »immer so war«, heißt es nicht, dass es auch die effizienteste Art und Weise ist. Vielleicht können Sie Abläufe verbessern und neue Ideen einbringen. Nichts ist rückläufiger als Stillstand.
6. Bauen Sie Netzwerke auf. Helfen Sie anderen und bieten Sie Ihre Kooperation an. Denn nur im Geben und Nehmen besteht der Erfolg.
7. Machen Sie auf sich aufmerksam. Frauen leiden oftmals unter falscher Bescheidenheit. Betreiben Sie Marketing in eigener Sache und bringen Sie Ihr Selbstbewusstsein auf Hochglanz: Erwähnen Sie Ihre Erfolge, denn Sie haben ein Recht darauf: »Tue Gutes und rede darüber!«
8. Vergleichen Sie sich nicht mit anderen, denn jeder hat andere Qualitäten, die einzigartig sind.
9. Betrachten Sie Kritik als Chance, sich zu verbessern, und fragen Sie sich: »Was lerne ich für's nächste Mal daraus?« Das zeigt Ihre Kompetenz.
10. Tun Sie alles mit Begeisterung, denn nur, wer innerlich brennt, kann andere mitreißen. Stehen Sie zu Ihrem Job.

Wichtige Webadressen für Ihre tägliche Arbeit
im Sekretariat:

Netzwerke und Foren für Sekretärinnen
www.bsb-office.de
www.euma.org oder www.euma-germany.de
www.aim-bundesverband.de
www.xing.com
www.frauen-kluengeln.de
www.sekretaria.de
www.forumoffice.de
www.connecting-women.de

Sekretärinnen-Service und Empfehlungen
www.workingoffice.de
www.sekretaria.de
www.sekretaerinnen.de
www.sekretaer-in.de
www.sekretaerinnenwelt.de
www.gwi.de
www.din5008.de
www.offizz.de
www.wissen.de
www.mcoffice.de

Veranstalter für Sekretärinnen-Weiterbildungsseminare
www.kik-akademie.de
www.smi-seminare.de
www.akadsek.de
www.forum-institut.de
www.iir.de
www.wis.ihk.de

Für die Büroorganisation

www.leitz.com
www.elba.de
www.mappei.de
www.classei.de

Für die Seele

www.zeitzuleben.de
www.sinnsprueche.de
www.gratis-spruch.de

Nützliches

www.routenplaner.de
www.hotel.de
www.hrs.de
www.reiseplanung.de
www.weltzeituhr.com
www.broker-test.de
www.wetter.de
www.leo.de
www.langenscheidt.de
www.duden.de
www.hoppenstedt.de
www.branchenbuch.de
www.bankleitzahlen.de
www.messe.de
www.online-recht.de
www.welt.de
www.computer.de

Literaturverzeichnis

Friedemann Schulz von Thun: *Miteinander reden 1–3*. Reinbek bei Hamburg 1981

Lothar J. Seiwert: *Mehr Zeit für das Wesentliche. Besseres Zeitmanagement mit der SEIWERT-Methode*. Landsberg am Lech 2005

Lothar J. Seiwert: *Das neue 1 x 1 des Zeitmanagement*. München 2007